岩 波 文 庫

33-944-1

ゲーデル

不 完 全 性 定 理

林　　晋　訳・解説
八杉満利子

岩波書店

K. Gödel

Über formal unentscheidbare Sätze
der Principia Mathematica
und verwandter Systeme I,
Monatshefte für Mathematik
und Physik 38, pp.173-198.

1931

目　　次

まえがき 7

第 I 部　翻訳 15
訳　注 63

第 II 部　解説 73

1　不完全性定理とは何か？ 73
　1.1　ゲーデルの定理と，その不安定性 76
　1.2　数学的不完全性定理と数学論的不完全性定理 ... 78
　1.3　ヒルベルトのテーゼと計画 82

2　厳密化，数の発生学，無限集合論 1821-1897 ... 87
　2.1　数学の厳密化 87
　2.2　実数の発生学 91
　2.3　カントールの集合論 92
　2.4　無限への批判 96
　2.5　二つの算術化 102
　2.6　対角線論法：限りなき膨張 106

3 論理主義：数学再創造とその原罪 1884-1903 … 110
3.1 自然数の発生学 … 110
3.2 数学の発生学 … 112
3.3 ラッセルのパラドックス … 114

4 ヒルベルト公理論：数学は完全である 1888-1904 … 118
4.1 数学の可解性と無矛盾性 … 119
4.2 ヒルベルト公理論 … 125
4.3 否定的解決とモデル … 127
4.4 存在と証明 … 130
4.5 ヒルベルト青春の夢——可解性ノート … 136
4.6 ゴルダンの問題 … 140
4.7 ヒルベルトの「神学」 … 144
4.8 無限と有限の融合 … 148
4.9 「神学」と可解性 … 150
4.10 哲学か？ 数学か？ … 158
4.11 数学存在三段階論 … 160
4.12 ヒルベルトのパラドックス … 163
4.13 存在＝無矛盾性 … 165

5 数学基礎論論争 1904-1931 … 171
5.1 ハイデルベルク講演 … 173
5.2 フランスからの批判 … 181
5.3 解析学と物理学の時代 … 186

5.4	プリンキピア・マテマティカ	189
5.5	公理的集合論	194
5.6	直観主義：クロネカーの亡霊	196
5.7	消え行く数学の塔	205
5.8	ヒルベルトの帰還	209
5.9	ブラウワー——それが革命だ！	215
5.10	ヒルベルト計画	217
5.11	有限の立場	225
5.12	アッカーマン論文	228
5.13	ブラウワーの「休戦提案」	231
5.14	束の間の勝利	236
5.15	ゲーデルの登場	241
5.16	1930年ケーニヒスベルク	244
5.17	終焉	246

6 不完全性定理のその後　　250

6.1	ゲーデルの見解	250
6.2	二種類の無矛盾性証明	254
6.3	基礎としての公理的集合論	259
6.4	数学基礎論の数学化	262
6.5	ヒルベルトもブラウワーも正しかった？	265

7 不完全性定理論文の仕組み　　276

7.1	ラッセル・パラドックスと不完全性定理	276

7.2　第0不完全性定理 ………………………………… 277

7.3　集合の代用としての数 ……………………………… 283

7.4　ゲーデルの議論とラッセル系 ……………………… 285

7.5　第0不完全性定理から第1不完全性定理へ…… 288

8　論文の構造　295

8.1　第1節の構造 ………………………………………… 295

8.2　第2節の構造 ………………………………………… 296

8.3　第3節の構造 ………………………………………… 300

8.4　第4節の構造 ………………………………………… 304

9　あとがき　306

まえがき

　ほとんど予備知識の無い人が，入門書だけを読んで不完全性定理の数学的内容を理解することは不可能である．この定理を数学的にも理解したいならば，まず数理論理学を理解しなければならない．そのためには本格的な数理論理学の教科書を読む必要がある．アインシュタインの相対性理論の論文は「初等的知識」だけで読めることで有名だが，これは高校までの教育で，この論文の理解に必要な，代数，解析，幾何，力学，電磁気学などの知識がすでに教えられ，そればかりか，それが入学試験にさえ出題される知識であるために，多くの人が，相当な訓練を受けているからである．これに反して，ゲーデルの定理の理解に必要な数理論理学や集合論は，高校までの教育では，ほとんど教示されない．大学でも教えられる機会は少ない．そういう知識を補完しない限り，ゲーデルの定理を特殊相対性理論のレベルで理解することはできないのである．

　それにもかかわらず「ゲーデルの定理が解る」という解説書は多い．「中学生でも解る」という惹句で売った解説書もあるほどだ．確かに，ゲーデルの定理の証明は素人にも解りやすそうに見える．しかし，これは間違いなのである．数学のノーベル賞と呼ばれるフィールズ賞を受賞した大数学者小平邦彦が，「ゲーデルの定理を勉強したが，自分には難しか

った．何とか判ったつもりだが，自信は無い」という意味のことを語ったことがある．天才と謳われた小平にさえ難しいものが，中学生に容易に理解できるわけはない．「中学生でも解る」という意味は，「証明が必要とする予備知識が少ない」という意味なのである．しかし，少ない予備知識を理解して，ゲーデルの定理を理解できる人は，実は微積分や線形代数などの「普通の数学」を理解できる人よりも少ない．つまり，ゲーデルの定理は，アクセスはしやすいが登りにくい山なのである．

また，この定理の**意味**を理解するには，ある程度の成熟が必要で，筆者たちの経験では，高校生で理解している人に会ったことはないし，大学院生でもほとんどいない．専門家の間でも怪しい人がいる．それくらいに難しい定理といえる．おそらく，小平が困難を覚えたのは数学技術上の難しさではなく，何故そういうことを考えるのか，という「目的」や，それが何を意味するのか，という「意義」だったのだろう．ゲーデルの定理はある意味で数学の定理ではないので，数学の中に浸りきり，数学と一体化していたであろう小平のような「純粋の数学者」には，この定理は不自然あるいは無意味に見えても不思議ではないのである．

他方，予備知識が少なくて済むという点において，ゲーデルの定理が，大学・大学院という「正規教育機関」に身をおかなくても理解しやすいことは確かである．また，数学者小平が理解しがたかったゲーデルの定理の意義や目的は，むし

ろ，多くの非数学者には身近で理解しやすいテーマなのである．それが，不完全性定理が多くの「アマチュア」をひきつける原因ともなっているのだろうし，この意味では，「難しい数学を知らなくても不完全性定理は理解できる」という意見は正しい．

　不完全性定理の背景には，西洋文明が持つ過剰なまでの哲学的傾向がある．本書の解説では，この背景の歴史の解説に重点を置いた．こういう歴史的・哲学的背景ならば，数理論理学の知識がない初学者にも理解は必ずしも不可能ではない．

　その歴史の叙述(解説第 2-5 章)では，ゲーデルの没後に飛躍的に進んだゲーデル研究や，20 世紀末にようやく進み始めたヒルベルト研究など，最新の多くの歴史研究の成果を取り入れている．これらの研究成果の多くは，この 10 年ほどの間に初めて利用できるようになったものである．当初，1, 2 年で完成の予定であった本書であるが，独自の数学史研究を始めてしまったため，執筆期間が 10 年を越してしまった．しかしそれが幸いし，これらの研究成果を解説に取り入れることができた．

　また，ほとんど研究されていなかったヒルベルトの数学基礎論研究の動機に関しては，筆者たちによる，彼の数学手帳の研究成果を大幅に取り入れた．ヒルベルトの数学基礎論への関わりは，1890 年代終わりの幾何学研究に始まるとするのが通例であるが，筆者たちの研究によれば，それより 10

年前の彼の最初の専門分野であった代数学研究，特に不変式論研究の中に，その重要な芽がある．そして，ゲーデルの第1不完全性定理が否定したものは，この当時ヒルベルトが着想し，やがてその数学的証明を試みた「数学の可解性」だったのである．

ヒルベルトの数学基礎論への関わりが不変式論に始まるという，この研究成果が書籍として公開されるのは，本書の解説が初めてである．このことは想像として語られることはあったが，歴史学的証拠を伴って主張をされたことは筆者たち以前にはなかったと思われるのである．また，この研究は未完であり，海外の代表的ヒルベルト研究者たちの協力を得て継続されている．数学史的観点からは，ヒルベルトの「可解性」への信念が彼の数学に影響を及ぼしたのか，あるいは，その逆であったのかが極めて興味深い問題であるが，未だに十分な結論は得られてない．研究は始まったばかりだ．解説では，現時点で最も蓋然性が高いと思われる解釈を留保つきで提示しておいた．

このような，未発表の研究成果や，未完成の研究を文庫の解説に盛り込むことは異例であろう．実は筆者たちがこの歴史研究を始めた切っかけが，本書の執筆だったのである．本書の執筆は，既存文献を調査して1, 2年で完成する予定だった．ところが調査を始めてみると，既存文献には矛盾や不完全な点があまりに多すぎたため，自分たちで歴史研究を始めることになり，執筆開始から10年以上が過ぎた．本書の

解説の歴史観も,「可解性」についての発見も,その研究の成果である.この上完全を望むと,さらに5年,10年の年月が必要になるかもしれない.しかし,現在までに得られた新しい研究成果は,従来の数学基礎論史への視点の大きな変更を迫るものであるため,それに触れないままに解説を書くことは意識的に嘘を書くことに等しい.このような条件を様々に検討した結果,本書の解説での発表を選んだのである.

ここで翻訳において使った,原注,ページ番号,訳注,ゲーデルの英文注釈等に関する約束を説明しておく.

原注とは,原論文の脚注を言う.原注は,例えば

のうち,もっとも包括的なものは,プリンキピア・マテマティカ[7]...

のように上付きの右括弧つきアラビア数字で表してある.

原論文には 7a) のような脚注番号もあるが,これはそのままにした.ページ番号の引用は本書のページ数に合わせて変更した.

訳注とは,訳者による注のことであり,

うになったのである.現在までに構築された形式系[7]...

のように,角括弧で囲んだアラビア数字で表してある.訳注は,本文の後にまとめて置いてある.ただし,極く短い訳注の場合に例外的に[訳注:x]のような書き方で本文に埋め込んだ場所が数箇所ある.

解説にも脚注があるが,これには上付きのアラビア数字が

使ってある．

　ゲーデルが全集(文献[5])にも収録された Heijenoort の英訳(以下「英訳」)の際に追加した注釈は，

　　『PM においては』定義は単に短縮表記としてのみ
　　使われるから原理的には不必要なのである．

のように，二重の鈎括弧で表示した．本文末尾のノートも，英訳の際に追加されたものではあるが，注釈ではないのでこの括弧は使っていない．

　原論文では，強調のためには「文字空け」が使われている．訳文ではこれをゴチック体で表した．また，原論文では，斜体(イタリック体)を特殊な技術的意味で使っているが，日本語ではフォントの区別でこれを表すことは難しいので，これを日本語の引用符を使って【こんな風】に表してある．

　現代ドイツ語と異なり，1930 年頃のドイツ語の文章ではひとつの文が極めて長く複雑である．それに伴い一つのパラグラフが極めて長い．ゲーデルの文章も例外ではない．これをそのまま現代日本語に直すと全く意味不明の文章となってしまう．そのため副文を適当に独立した文章に仕立て，また文意に従って原文にはない改行を挿入した．数式についても同じである．ゲーデルの全集でも数式などについて，同様の措置が行われているが，本書は全集からではなく原論文から翻訳してあるため，全集の変更とは変更の仕方が違う．例えば，上で説明した「特殊な技術的意味」での斜体は，全集ではスモール・キャピタルになっている．段落などの扱い

は全集の方が原文に忠実だが，数式等の扱いについては，本訳書の方がもとのものに近い．ただし，現代的な数式の組み方に慣れた読者には奇異に感じられると思われる場合には，全集と同様に現代的に組みなおしたものがある．例えば，原論文の $R(x_1 \ldots x_n)$ や $\phi(x_1, x_2 \ldots x_n)$ を $R(x_1, \cdots, x_n)$ や $\phi(x_1, x_2, \cdots, x_n)$ などと組み替えている．

ゲーデルの原論文，および，英訳へのコメントの著作権はプリンストン高級研究所に属する．また，ヒルベルトの数学ノートの著作権は Niedersächsische Staats- und Universitätsbibliothek Göttingen に属する．翻訳と出版にあたっては，これらの機関からの許可を得ている．翻訳と出版の許可を頂いた，これらの機関に感謝する．

本書の執筆開始から完成までの10年以上もの長い期間に，Andreas Knobel，渕野昌，佐野勝彦，杉本舞の諸氏を始めとする多くの方々に翻訳や解説原稿についての貴重な御意見を頂いた．また，中戸川孝治，T. Coquand，出口康夫の諸氏を始めとする多くの研究者との議論に，筆者たちは大きく影響されている．この場を借りて感謝したい．さらに，本書の解説の通奏低音となっているヒルベルト不変式論と証明論・学習理論との関連は，木村俊一氏と山本章博氏により林に指摘されたものである．特に木村氏によるヒルベルトの不変式論と証明論の類似性の指摘がなければ，筆者たちがヒルベルトを深く研究することはなかった．お二人に心から感謝したい．

第12刷に際しての追記：本書の出版の後，多くの方々から，誤りや分かりにくい点を指摘いただき訂正してきたが，内容を大きく改訂することはなかった．しかし，この10年の間に研究が進み，大きな変化があった．そこで，第12刷では，小さな訂正・改善だけでなく，ある程度の規模で内容を変更することにした．

その内容上の変更の主なものは，新しい研究を反映して「可解性ノート」に関する部分，特に4.5-4.10の年代同定などを改善し，また，それを補うために「9　あとがき」に補遺を付したことである．また，これ以外にも，今までの刷の際に行っていたような改善や訂正も行った．

第 I 部　翻訳

プリンキピア・マテマティカおよび関連した体系の
形式的に決定不能な命題について I [1)]

クルト・ゲーデル（ウィーン）

1.

　数学は一層の厳密性を目指して進化し，周知のように，その大部分を形式化するにいたった．すなわち，僅かな機械的規則によって証明が実行できるような数学の形式化が達成されたのである．

　現在までに構築された形式系[2]のうち，もっとも包括的なものは，一方では，プリンキピア・マテマティカ[2)]の体系（以下，PM）であり，他方では，ツェルメロ–フレンケルの集合論の公理系である（後者は J. フォン・ノイマンが更に発展させている）．[3)] これら二つの体系の包括性は，今日の数学

[1)] ウィーン科学アカデミー紀要（数学–自然科学類）1930，No.19[1] の本論文の結果の要約を参照．

[2)] **A.** ホワイトヘッド，**B.** ラッセル共著，プリンキピア・マテマティカ，第 2 版，ケンブリッジ，1925．[3] 我々は，特に，無限公理（ちょうど可算個の個体が存在する，と定式化されているとする），還元公理，そして（すべての型についての）選択公理も，体系 PM に含める．

において使用されるすべての証明法が，それらの内部で形式化されてしまうほどなのである．

つまり，それらの証明法が少数の公理と推論規則に還元されるのである．したがって，これらの体系の内部で形式的に表すことのできるすべての数学的問題を決定する[10] ためには，その公理と推論規則で十分である，と予想するのは自然なことである．

しかし，以下において示すように，事実はこれに反する．それどころか，普通の整数の理論における比較的単純な問題でありながら，[4) これら両体系の公理から決定することができないようなものさえ存在する．この情況はこれらの体系に特有のことではなく，非常に広い範疇の形式系に対して成り

---

3) A. フレンケル，"集合論の基礎 10 講義"，科学と仮説 XXXI.[4]，J. フォン・ノイマン，"集合論の公理化"，数学雑誌 27，1928，純粋応用数学雑誌 154(1925)，160(1929).[5] 形式化を完成するためには，ここに引用した文献の集合論的公理に，さらに論理的公理と推論規則を追加せねばならないことを，注意しておこう．また，以下に与える考察は最近 D. ヒルベルトと彼の共同研究者たちが提出した形式系に対しても(現在までに提出されたものに限れば)成り立つ．以下の文献を参照せよ．D. ヒルベルト，数学年鑑 88，ハンブルグ大学数学セミナー講究録，I(1922)，VI(1928).[6] P. ベルナイス，数学年鑑 90.[7] J. フォン・ノイマン，数学雑誌 26(1927).[8] W. アッカーマン，数学年鑑 93.[9]

4) すなわち，より正確に言えば，論理定数 $\sim$ (でない)，$\vee$ (または)，(x) (すべての)，$=$ (等しい)，からできており，自然数に関する $+$ (和)と $\cdot$ (積)以外にはどんな概念もでてこないような，決定不能な命題が存在するということである．ただし，接頭辞 (x) も，自然数についてのみ参照するものとする．

立つ．特に前述の二つの体系に有限個の公理を追加してできた体系は,[5] "その公理の追加によって，脚注4)で述べた形の命題のうち偽なものが証明可能になることはない" という条件が成り立つ限り，すべてこの範疇に属すことになる．

詳細に立ち入るまえに，まず，証明の基本思想を概説する．言うまでもないが，この概説では厳密性を要求しない．形式系(ここでは体系 PM に限定する)の論理式は，見た目には基本記号(変数，論理定数，および，括弧または区切り点[11])の有限列である．基本記号の列の，どれが意味のある論理式であり，どれがそうでないかを明確に述べることは容易である.[6]

同様に形式的な観点から見れば，証明とは論理式の(特定の定義可能な性質を満たす)有限列に他ならない．超数学的な考察にとっては，基本記号として何を採用しても当然ながら同じことであるから，我々は自然数を基本記号として使うことにする.[7] そうすると論理式は自然数の有限列[8]となり，

---

[5] PM では，単に型を変えただけでは一致しないようなものだけを異なった公理と勘定する．

[6] これ以後，"PM の論理式" と言えば，必ず省略記法なしで(すなわち，定義を使わずに)書かれた論理式のことであるとする．『PM においては』定義は単に短縮表記としてのみ使われるから原理的には不必要なのである．

[7] すなわち，基本記号を自然数の集合上に 1 対 1 に対応させるのである (p.26 の実行を参照せよ)．

[8] すなわち，ある自然数の切片の自然数による割り当てのこと．[12] (数は空間的に配置できないのだから.)

証明図は自然数の有限列の有限列となる．これにより，超数学的な概念(命題)は，自然数とそれらの有限列に関する概念(命題)になり，[9] したがって(少なくとも部分的には)体系 PM 自身の記号によって表示されるようになる．特に，"論理式"，"証明図"，"証明可能な論理式" 等の概念は，体系 PM のうちで定義可能であることを示すことができる．すなわち，例えば $F(v)$ の内容的解釈が "v は証明可能な論理式である" となるような，自由変数 v (型は自然数の列とする)をもつ PM の論理式 $F(v)$ を与えることが可能なのである．[10] さて，ここで体系 PM の決定不能な命題，すなわち A も，"A でない" も証明されない命題 A を，次のように作る：

自由変数をちょうど一つもつ PM の論理式を "類記号" と呼ぼう．ただし，その変数の型は自然数型(類の類)[13] であるとする．類記号の全体が適当な方法で一列に並べてあると想定し，[11] その列の n 番目を $R(n)$ と書く．そうすると，"類記号" という概念も，順序関係 R も，ともに体系 PM の

---

[9] 言い換えれば，上記の方法は，体系 PM の同型の像を算術の領域内に作り出す．そして，すべての超数学的考察を，この像で行うことが可能なのである．

　　以下の証明のスケッチでは，これが実行される．すなわち，そこでは，"論理式"，"命題"，"変数" などは，常に同型像内の対応する対象であると考えなくてはいけないのである．

[10] そういう論理式を実際に書き下すことは，(幾分手間がかかるだけで)大変簡単だろうと思われる．

[11] 例えば，要素の和の順に並べ，和が同じものは辞書式順序．

内部で定義できることに気づく．α を任意の類記号であるとする；この類記号 α の自由変数に自然数 n を表す記号を代入すると論理式ができるが，その論理式を $[\alpha; n]$ で表すことにする．三項関係 $x=[y;z]$ も PM において定義できることが示される．ここで自然数の類 K を次のように定義する[11a]：

$$n \in K \equiv \overline{Bew}[R(n); n] \qquad (1)$$

(ただし，$Bew\ x$ は "x は証明可能な論理式である" という意味である)．この定義の右辺に現れる概念はすべて PM において定義可能であるから，それらより組み立てられた概念 K も PM において定義可能である．すなわち，論理式 $[S;n]$ の内容が，自然数 n が K に含まれる，ということを意味するような類記号 S が存在する．[12] S は類記号なので，ある $R(q)$ と同一である．すなわち，ある自然数 q に対して

$$S = R(q)$$

が成り立つ．さて，今から，命題 $[R(q); q]$ が PM において決定不能であることを示す．[13] なぜならば，命題 $[R(q); q]$ が証明可能ならば，それは正しいので，上記の q が K に属すことになり，(1)により $\overline{Bew}[R(q); q]$ が成り立つことになる．しかし，これは仮定に矛盾するのである．反対に，$[R(q); q]$ の否定が証明可能とするならば，$\overline{q \in K}$ [14] すなわ

[11a] 上に引いた線で，否定を表す．
[12] 論理式 S を実際に書き下すことにも，なんら難しさはないだろうと思われる．

ち，$Bew[R(q);q]$ が成り立つことになる．したがって，$[R(q);q]$ と，その否定が同時に証明可能であることになってしまうが，これもまた不可能である．

この推論とリシャールの二律背反[15]とのアナロジーが注意をひく．また，"嘘吐きのパラドックス"[16]とも密接な関係がある．[14]というのは，決定不能な命題 $[R(q);q]$ は，q が K に属することを，すなわち，(1)によれば，$[R(q);q]$ は証明できない，ということを意味するからである．というわけで，我々は，それ自身の証明不能性を主張する命題を目の前にしているわけである．[15]

今検討した証明方法は，明らかに，次の条件を満たす任意の形式系に適用できる．その条件とは，まず第一に，内容

---

[13] "$[R(q);q]$"（または，同じことであるが "$[S;q]$" を意味するもの）は，超数学的な記述であるに過ぎないことに注意せよ．しかし，論理式 S を見つけさえすれば，q が自然に決まり，それにより，決定不能命題を書き下すことができるのである．『これは原理的には何らの困難もない．しかしながら，PM で採用されている定義による省略のテクニックを使うのでなければ，全く手に負えないほどに長い論理式を回避したり，q の計算の現実的な難しさを避けたりするために，決定不能命題の作り方を若干変更しなくてはならないだろう』

[14] 一般に，任意の認識論的二律排反を，決定不能性の証明に利用することができる．

[15] そのような命題は，見かけに反して循環論法的ではない．[17] というのは，その命題は最初のうちは，（辞書式順序の q 番目の論理式への代入によって）完璧に指定されたある論理式の証明不可能性を主張する『だけで』あり，そして，後になってようやく，その論理式がもとの命題自身を記述しているものに他ならないことが，（いわば，偶然に）わかるのだからである．

的に解釈すれば，その体系は前述の考察に用いた概念(特に"証明可能な論理式"という概念)を定義するのに十分な表現手段を持つこと，そして，第二に，その体系において証明可能な各論理式が内容的に正しい，ということである．これ以後，前述の証明を正確に実行することになるが，その際に特に達成すべき課題は，第二の条件を純粋に形式的で遥かに弱い条件で置き換えることである．

$[R(q);q]$ が自らの証明不能性を主張する，という先程の注意から，直ちに，$[R(q);q]$ が正しいということが導かれる．というのは，$[R(q);q]$ はまさに証明不能だからである(なぜなら，決定不能だからである)．すなわち，体系 PM では決定不能な命題が，超数学的な考察により決定されたのである．この奇妙な状況の詳細な分析が，形式系の無矛盾性証明に関する驚くべき結果を導くが，それは第4節(定理 XI)で詳しく論じる．

2.

今から，以上で略説した証明の厳密な実行に移る．まず最初に，それに決定不能な命題が存在することを示すことになる，形式系 P を詳しく記述する．P は，本質的にはペアノの公理系の上に PM の論理を建てますことにより得られる体系である(自然数が個体，直後関係が未定義基本概念である)．[16)]

体系 P の基本記号は次のとおりである：

I. 定数："∼"(でない), "∨"(または), "Π"(すべてに対し), "0"(ゼロ), "f"(…の直後の数), "(", ")"(括弧).

II. 第1型の変数(個体すなわち0も含めた自然数のための変数)："x_1", "y_1", "z_1", ….

第2型の変数(個体の類のための変数)："x_2", "y_2", "z_2", ….

第3型の変数(個体の類の類のための変数)："x_3", "y_3", "z_3", ….

同様に, 各自然数を型と見て, その型の変数を考える.[17]

注意：2個以上の引数をもつ関数(関係)の変数を基本記号とする必要はない. 関係は順序対の類として定義できるし, 順序対も類の類として定義できるからである. 例えば, 順序対 a, b は $((a), (a, b))$ で定義できる. ただし, (x, y) と (x) は, それぞれ, 要素がちょうど x, y である類と x である類を表している.[18]

第1型の記号とは, 次のような記号の組み合わせのこと

---

[16] ペアノの公理系の追加は, PM に付け加えた他の変更点と同じく, 単に話を簡単にするためであって, 原理上はなくても済む.

[17] 任意の変数の型に対して, 可算無限個の記号を自由に使えると仮定する.

[18] さらに, 非同次な関係もこの方法で定義できる. 例えば, 個体と類の間の関係は, $((x_2), ((x_1), x_2))$ という形の要素の類として定義できる. 関係についての PM のすべての定理は, この方法で証明できることが簡単にわかる.

であるとする:

$$a, fa, ffa, fffa, \cdots 等.$$

ただし，a は 0 かまたは第 1 型の変数である．前者の場合には，このような記号を数字と呼ぶ．$n > 1$ の場合には，第 n 型の記号とは，第 n 型の変数のことであるとする．

b が n 型の記号で，さらに a が $n + 1$ 型の記号であるとき，$a(b)$ という形の記号の組み合わせを基本論理式と呼ぶ．論理式の類とは，すべての基本論理式を含み，また，a, b を含むときには $\sim(a), (a) \lor (b), x\Pi(a)$ も含むような，最小の類[19]であると定義する(ただし，x は任意の変数である)．[19a] $(a) \lor (b)$ を a と b の離接，$\sim(a)$ を a の否定，また $x\Pi(a)$ を a の普遍化と名付ける．また，文論理式とは，自由変数が 1 つも出現しない論理式である(自由変数は普通どおりに定義する)．ちょうど n 個の自由個体変数を持つ(そして，それ以外の自由変数は持たない[19])論理式を n 項関係記号[20]と呼び，$n=1$ のときは類記号ともいう．

a が論理式，v が変数，b が v と同じ型の記号であるとき，Subst $a \begin{pmatrix} v \\ b \end{pmatrix}$ は，a のうちの自由に出現する v を，すべて b に置き換えることによって a から得られる論理式のことで

---

19) この定義(および後述の類似の定義)については，J. ウカシビッツ，A. タルスキ共著，命題計算の研究，ワルシャワ科学人文学協会会議録，XXIII, 1930, Cl. III[18] を参照せよ．

19a) したがって，x が a の中に無いときや，自由に出現しないときにも，$x\Pi(a)$ は論理式となる．そういう場合には，もちろん $x\Pi(a)$ は a 自身と同じ意味になる．

あるとする。[20] ある論理式 a が別の論理式 b の型持ち上げ[21]であるとは，b のすべての変数の型を同じ数だけ増加させると，b が a になることをいう。[22] つぎの論理式(IからV)は公理と呼ばれる．(これらは周知の方法で定義された省略記号：．，$\supset$，$\equiv$，(Ex)，$=$[21]と，括弧の省略に関する通常の慣例にしたがって書かれている．)[22]

I. 1. $\sim(fx_1 = 0)$
2. $fx_1 = fy_1 \supset x_1 = y_1$
3. $x_2(0).x_1\Pi(x_2(x_1) \supset x_2(fx_1)) \supset x_1\Pi(x_2(x_1))$.

II. p, q, r に任意の論理式を当てはめることで，次の図式からできる論理式：

1. $p \vee p \supset p$　　3. $p \vee q \supset q \vee p$
2. $p \supset p \vee q$　　4. $(p \supset q) \supset (r \vee p \supset r \vee q)$.

III. 二つの図式

---

[20] v が自由変数として現れない場合には，$\mathrm{Subst}\, a\begin{pmatrix}v\\b\end{pmatrix}=a$ となる．また，"Subst" は，超数学の記号であることに注意せよ．

[21] $x_1 = y_1$ は，PM, I, *13，のように $x_2\Pi(x_2(x_1) \supset x_2(y_1))$ と定義されていると考える(高階の型についても同じである)．

[22] したがって，図式から公理を得るには(II, III, IV に許容される代入を行った後で)，さらに
1. 省略記号の消去，
2. 隠された括弧の追加

を行わなくてはいけない．そうして出来る表現は，上述の意味で"論理式"にならなければいけない(これを含む超数学的諸概念の厳密な定義については p.31 以下を参照せよ)．

1. $v\Pi(a) \supset \mathrm{Subst}\, a \begin{pmatrix} v \\ c \end{pmatrix}$

2. $v\Pi(b \vee a) \supset b \vee v\Pi(a)$

のうちの一つから，a, v, b, cに対する，次のような当てはめにより得られる論理式(1の場合には，さらに "Subst" が表示する操作を実行して得られたもの)：aには任意の論理式，vには任意の変数，bにはvが自由に出現しない論理式，cにはvと同じ型の記号，ただし，vが自由であるようなaの中の場所で束縛されるような変数を，cが含まないことを前提とする．[23][23]

IV. 図式

1. $(Eu)(v\Pi(u(v) \equiv a))$

から，vとuには，それぞれn型と$n+1$型の任意の変数を，そして，aにはuが自由出現しない論理式を，当てはめてできる任意の論理式．この公理は還元公理の代わりをする(集合の内包公理)．

V. 次の論理式より，型持ち上げにより生じる論理式(およびこの論理式自身)：

1. $x_1\Pi(x_2(x_1) \equiv y_2(x_1)) \supset x_2 = y_2$

この公理は，類はその要素により完全に決定される，とい

---

[23] したがって，cは変数，0, $ff\cdots fu$(ただし，uは0か第1型の変数)という形の記号，のうちのどれかである．"aのある場所において自由である(束縛されている)" という概念に関しては，原注24)で引用した論文のI, A, 5を参照せよ．

うことを意味する．

論理式 c が a と b から（あるいは，a から）の直接の帰結であるとは，a が論理式 $(\sim(b)) \vee (c)$ であることをいう（あるいは，c が論理式 $v\Pi(a)$ であることをいう．ただし，v は任意の変数である）．証明可能な論理式の類は，公理を含み，"直接の帰結" という関係に対して閉じているような最小の類，として定義される．[24]

さて，我々は次のやり方で，体系 P の基本記号に自然数を 1 対 1 に対応させる：

"0" $\cdots$ 1   "$\vee$" $\cdots$ 7   "(" $\cdots$ 11

"f" $\cdots$ 3   "Π" $\cdots$ 9   ")" $\cdots$ 13

"$\sim$" $\cdots$ 5

さらに，n 型の変数には，p^n の形をした自然数を対応させる（ただし，p は $p>13$ となる素数である）．こうして，基本記号の任意の有限列に（ゆえにまた任意の論理式に），自然数の有限列が 1 対 1 に対応する．[25] そして今度は，列 $n_1, n_2, \cdots, n_k$ に $2^{n_1} \cdot 3^{n_2} \cdots p_k^{n_k}$ を対応させることによって，自然数の有限列を自然数に（ここでも 1 対 1 に）写像する．ただし，p_k は（小さい方から）k 番目の素数を表す．こうして，任意の基本記号だけでなく，任意の基本記号の有限列に対しても，自然数が 1 対 1 に割り当てられる．[26] 基本記号（あ

---

[24] 代入規則は必要ない．すべての可能な代入が公理自身の中に取り込まれているからである（これは，J. フォン・ノイマン，ヒルベルト証明論について，数学雑誌 26, 1927[24] と同じやりかたである）．

るいは，基本記号列)a に割り当てられた数を $\Phi(a)$ で表すことにする．さて，基本記号や基本記号の列の間の，何かの類か関係 $R(a_1, a_2, \cdots, a_n)$ が与えられたとしよう．この類(関係)に対して，$x_i = \Phi(a_i)$ $(i = 1, 2, \cdots, n)$ かつ $R(a_1, a_2, \cdots, a_n)$ となる $a_1, a_2, \cdots, a_n$ が存在するときに $R'(x_1, x_2, \cdots, x_n)$ が成り立ち，かつ，そのときにのみ $R'(x_1, x_2, \cdots, x_n)$ が成り立つような，自然数の間の類(関係) $R'(x_1, x_2, \cdots, x_n)$ を割り当てる．今までに定義した "変数"，"論理式"，"文論理式"，"公理"，"証明可能な論理式" などの超数学的な概念に，この様にして，自然数の類や関係が割り当てられるが，それらを同じ単語を括弧【 】で囲むことによって表すことにする[訳注．原論文では，括弧【 】で囲む代わりに，フォントをイタリック体に変えている]．例えば，体系 P に決定不能な論理式が存在するという命題は，次のように書くことになる：a も，a の【否定】も【証明不可能な論理式】である【文論理式】a が存在する．

ここで，体系 P に当面は関係ない考察を差し挟む．まず，次のような定義を与える：数論的関数[25]$\phi(x_1, x_2, \cdots, x_n)$ が，数論的関数 $\psi(x_1, x_2, \cdots, x_{n-1})$ と $\mu(x_1, x_2, \cdots, x_{n+1})$ から再帰的に定義されるということは，任意の $x_2, \cdots, x_n$, k[26] に対して次が成り立つことであるとする：

---

[25] すなわち，その関数の定義域は非負整数(あるいは，その n-タプル[27])の類であり，値は非負整数である．

$$\phi(0, x_2, \cdots, x_n) = \psi(x_2, \cdots, x_n),$$
$$\phi(k+1, x_2, \cdots, x_n) = \mu(k, \phi(k, x_2, \cdots, x_n), x_2, \cdots, x_n). \tag{2}$$

数論的関数 ϕ が**再帰的**[28]であるとは,ϕ で終わる次のような条件を持つ数論的関数の有限列 $\phi_1, \phi_2, \cdots, \phi_n$ が存在することを言う:すなわち,この列の任意の関数 ϕ_k は,先行する二つの関数から再帰的に定義されているか,または,先行する関数たちから代入によって出来るか,[27] あるいは,最終的に定数か直後関数 $x+1$ となる,という条件である.[29] 再帰的関数 ϕ のために必要な,関数 ϕ_i の列のうち,最短の列の長さを,その再帰的関数の次数と呼ぶ.[30] 自然数の間の関係 $R(x_1, \cdots, x_n)$ が再帰的であるとは,[28] 任意の $x_1, x_2, \cdots, x_n$ に対して
$$R(x_1, \cdots, x_n) \sim [\phi(x_1, \cdots, x_n) = 0]^{29)}$$
が成り立つような再帰的関数 $\phi(x_1, \cdots, x_n)$ が存在すること

---

26) 以下では,イタリックの小文字(添字が付くこともある)は,(特に断らない限り)必ず非負整数を表す変数であるとする.

27) 厳密に言えば,$\phi_k(x_1, x_2) = \phi_p[\phi_q(x_1, x_2), \phi_r(x_2)]\, (p, q, r < k)$ のように,既出の関数の引数に既出の関数が代入されるのである.左辺の変数のすべてが右辺に現れる必要はない(これは(2)の再帰的定義でも同様である).

28) 類も関係(単項関係)とみなす.再帰的関係 R は,もちろん,個々の数の n-タプルに対して,$R(x_1, \cdots, x_n)$ が成り立つか否かを判定できるという性質を持つ.

29) 内容的な(特に超数学的な)考察の場合には,ヒルベルトの記号を使う(ヒルベルト-アッカーマン,理論論理学の基本性質,ベルリン,1928[31] を参照せよ).

を言う.

このとき，次のような諸定理が成り立つ：

I. 再帰的関数(関係)の各変数に再帰的関数を代入することにより得られる関数(関係)は再帰的である；また，再帰的関数から，式(2)の再帰的定義によって生じる関数も再帰的である．

II. R と S が再帰的関係ならば，$\overline{R}$ と $R \vee S$ も（したがって，$R \& S$ も）再帰的関係となる．

III. 関数 $\phi(\mathfrak{x})$, $\psi(\mathfrak{y})$ が再帰的ならば，関係 $\phi(\mathfrak{x}) = \psi(\mathfrak{y})$ も再帰的である．[30]

IV. 関数 $\phi(\mathfrak{x})$ と関係 $R(x, \mathfrak{y})$ が再帰的ならば，
$$S(\mathfrak{x}, \mathfrak{y}) \sim (Ex)[x \leq \phi(\mathfrak{x}) \& R(x, \mathfrak{y})],$$
$$T(\mathfrak{x}, \mathfrak{y}) \sim (x)[x \leq \phi(\mathfrak{x}) \to R(x, \mathfrak{y})]$$
により定義される関係 S, T も再帰的であり，さらに，
$$\psi(\mathfrak{x}, \mathfrak{y}) = \epsilon x[x \leq \phi(\mathfrak{x}) \& R(x, \mathfrak{y})]$$
という関数 ψ も再帰的である．この式において，$\epsilon x F(x)$ は，$F(x)$ となる最小の x を表す．ただし，そのような数が無いときは 0 であるとする．

定理 I は "再帰的" の定義からすぐに導かれる．定理 II と III は，論理的な概念の $\overline{}$, $\vee$, $=$ に対応する数論的関数，
$$\alpha(x), \beta(x, y), \gamma(x, y)$$
つまり，次のように定義された三つの関数が再帰的である，

---

[30] $x_1, x_2, \cdots, x_n$ のような，変数 n-タプルの省略記法として，ドイツ文字 $\mathfrak{x}$, $\mathfrak{y}$ を使う．

という簡単にわかる事実から導かれる：

$$\alpha(0) = 1; \quad x \neq 0 \text{ に対しては } \alpha(x) = 0$$
$$\beta(0, x) = \beta(x, 0) = 0;$$

x と y が両方とも $\neq 0$ のときは，$\beta(x, y) = 1$

$x = y$ であるときは，$\gamma(x, y) = 0;$

$x \neq y$ であるときは，$\gamma(x, y) = 1.$

定理 IV の証明を手短に述べると次のようになる．仮定により

$$R(x, \mathfrak{y}) \sim [\rho(x, \mathfrak{y}) = 0]$$

を満たす再帰的な $\rho(x, \mathfrak{y})$ が存在する．

再帰式(2)にしたがって次のように関数 $\chi(x, \mathfrak{y})$ を定義する：

$$\chi(0, \mathfrak{y}) = 0$$
$$\chi(n+1, \mathfrak{y}) = (n+1) \cdot a + \chi(n, \mathfrak{y}) \cdot \alpha(a),$$

ただし，$a = \alpha[\alpha(\rho(0, \mathfrak{y}))] \cdot \alpha[\rho(n+1, \mathfrak{y})] \cdot \alpha[\chi(n, \mathfrak{y})]$ である．[31]

したがって，$\chi(n+1, \mathfrak{y})$ は $= n+1$ となるか($a=1$ の場合)，または，$= \chi(n, \mathfrak{y})$ となるか($a=0$ の場合)のどちらかである．[32] 最初の場合は明らかに，a のすべての因数が 1 の場合に，かつ，そのときのみにおきる，すなわち，それは

$$\overline{R}(0, \mathfrak{y}) \ \& \ R(n+1, \mathfrak{y}) \ \& \ [\chi(n, \mathfrak{y}) = 0]$$

---

[31] 和 $x+y$ と積 $x \cdot y$ の関数が再帰的であることは，既知として話を進める．

[32] α の定義から明らかなように，a は 0 か 1 以外の値を取らない．

が成り立つということである.したがって,関数 $\chi(n, \mathfrak{y})$ は (n についての関数とみなせば) $R(n, \mathfrak{y})$ が成り立つような n の最小値までは 0 に留まるが,それ以上では,まさにその値と等しくなる(すでに $R(0, \mathfrak{y})$ である場合は,それに対応する $\chi(n, \mathfrak{y})$ は定数で $= 0$ となる).したがって,

$$\psi(\mathfrak{x}, \mathfrak{y}) = \chi(\phi(\mathfrak{x}), \mathfrak{y}),$$
$$S(\mathfrak{x}, \mathfrak{y}) \sim R[\psi(\mathfrak{x}, \mathfrak{y}), \mathfrak{y}]$$

が成り立つ.関係 T は,否定を用いることによって S と同様な場合に還元することができるので,結局,定理 IV は証明された.

関数 $x+y, x \cdot y, x^y$ や,関係 $x<y, x=y$ が再帰的であることは簡単にわかる.そして,これらの概念から始めて,1-45 という一群の関数(と関係)を定義する.そのそれぞれは,定理 I–IV で述べられた方法により,最初の方から順番に定義されている.ただし,ほとんどの場合に,定理 I–IV により可能な複数の定義のステップを一つのステップにまとめてある.したがって,次の 1–45 の関数(関係)は,いずれも再帰的である.これらの関数の中には,例えば,"論理式","公理","直接の帰結"等の概念も入っている.

1. $x/y \equiv (Ez)[z \leq x \,\&\, x = y \cdot z]$[33)]
   x は y で割り切れる.[34)]

[33)] $\equiv$ という記号は,"定義として同値" という意味で使われる.したがって,定義のなかでは,$=$ や $\sim$ を表している(ちなみに,この記号法はヒルベルトのものである).

2. $\mathrm{Prim}(x) \equiv \overline{(Ez)}[z \leq x \ \& \ z \neq 1 \ \& \ z \neq x \ \& \ x/z]$
   $\& \ x > 1$

   x は素数である．

3. $0 \ Pr \ x \equiv 0$
   $(n+1) \ Pr \ x \equiv \epsilon y[y \leq x \ \& \ \mathrm{Prim}(y) \ \& \ x/y$
   $\& \ y > n \ Pr \ x]$

   $n \ Pr \ x$ は x の因子となる（大きさの順で）n 番目の素数である．[34a]

4. $0! \equiv 1$
   $(n+1)! \equiv (n+1) \cdot n!$

5. $Pr(0) \equiv 0$
   $Pr(n+1) \equiv \epsilon y[y \leq \{Pr(n)\}! + 1 \ \& \ \mathrm{Prim}(y)$
   $\& \ y > Pr(n)]$

   $Pr(n)$ は（大きさの順で）n 番目の素数である．

6. $n \ Gl \ x \equiv \epsilon y[y \leq x \ \& \ x/(n \ Pr \ x)^y$
   $\& \ \overline{x/(n \ Pr \ x)^{y+1}}]$

   $n \ Gl \ x$ は数 x に割り当てられた数の列の n 番目の要

[34)] 以下の定義においては，(x)，(Ex)，ϵx という記号が現れるときには，必ず x の評価[32]がともなっている．この評価は，単に，定義される概念が再帰的であることを保証するためにある（定理 IV を参照せよ）．しかし，ほとんどの場合，これらの評価を省略しても，定義される概念の外延は変わらない．[33]

[34a)] ただし，z を x の異なる素因子の総数として，$0 < n \leq z$ が成り立つ場合である．$n = z+1$ に対しては，$n \ Pr \ x = 0$ となることに注意せよ．

素である(ただし，$n > 0$でありnは数の列の長さより大きくない場合である).

7. $l(x) \equiv \epsilon y[y \leq x \ \& \ y \ Pr \ x > 0 \ \& \ (y+1) \ Pr \ x = 0]$
   $l(x)$ は x に割り当てられた数の列の長さである．

8. $x * y \equiv \epsilon z \{z \leq [Pr(l(x)+l(y))]^{x+y} \ \& $
   $\qquad (n)[n \leq l(x) \to n \ Gl \ z = n \ Gl \ x] \ \& $
   $\qquad (n)[0 < n \leq l(y) \to (n+l(x)) \ Gl \ z $
   $\qquad \qquad = n \ Gl \ y]\}$
   $x * y$ は二つの数の有限列の"連結"操作に対応する．

9. $R(x) \equiv 2^x$
   $R(x)$ は数 x だけからなる数の列に対応する(ただし，$x>0$).

10. $E(x) \equiv R(11) * x * R(13)$
    $E(x)$ は"括弧入れ"の操作に対応する(11 と 13 はそれぞれ基本記号"("と")"に割り当てられている).

11. $n \ \text{Var} \ x \equiv (Ez)[13 < z \leq x \ \& \ \text{Prim}(z) \ \& \ x = z^n] \ \& $
    $\quad n \neq 0$
    x は【第 n 型】の【変数】である．

12. $\text{Var}(x) \equiv (En)[n \leq x \ \& \ n \ \text{Var} \ x]$
    x は【変数】である．

13. $\text{Neg}(x) \equiv R(5) * E(x)$
    $\text{Neg}(x)$ は x の【否定】である．

14. $x \ \text{Dis} \ y \equiv E(x) * R(7) * E(y)$
    $x \ \text{Dis} \ y$ は x と y の【離接】である．

15. $x \text{ Gen } y \equiv R(x) * R(9) * E(y)$

    $x \text{ Gen } y$ は【変数】x による y の【普遍化】である(ただし, x が【変数】であることを前提条件とする).

16. $0 \ N \ x \equiv x$

    $(n+1) \ N \ x \equiv R(3) * n \ N \ x$

    $n \ N \ x$ は "x の先頭に記号 'f' を n 回繰り返し付ける"という操作に対応する.

17. $Z(n) \equiv n \ N \ [R(1)]$

    $Z(n)$ は数 n に対する【数字】である.

18. $\text{Typ}'_1(x) \equiv (Em, n)\{m, n \leq x$
    $\qquad\qquad\qquad \& \ [m = 1 \vee 1 \text{ Var } m]$
    $\qquad\qquad\qquad \& \ x = n \ N \ [R(m)]\}^{34\text{b})}$

    x は【第 1 型の記号】である.

19. $\text{Typ}_n(x) \equiv [n = 1 \ \& \ \text{Typ}'_1(x)] \vee [n > 1 \ \&$
    $\qquad\qquad (Ev)\{v \leq x \ \& \ n \text{ Var}(v) \ \& \ x = R(v)\}]$

    x は【第 n 型の記号】である.

20. $Elf(x) \equiv (Ey, z, n)[y, z, n \leq x \ \& \ \text{Typ}_n(y)$
    $\qquad\qquad \& \ \text{Typ}_{n+1}(z) \ \& \ x = z * E(y)]$

    x は【基本論理式】である.

21. $Op(x, y, z) \equiv x = \text{Neg}(y) \vee x = y \text{ Dis } z \vee$
    $\qquad\qquad (Ev)[v \leq x \ \& \ \text{Var}(v) \ \& \ x = v \text{ Gen } y]$

22. $FR(x) \equiv (n)\{0 < n \leq l(x) \to Elf(n \ Gl \ x) \vee$

[34b)] $m, n \leq x$ は $m \leq x \ \& \ n \leq x$ を表す(二つより多い変数についても同様).

$(Ep, q)[0 < p, q < n\ \&\ Op(n\ Gl\ x, p\ Gl\ x, q\ Gl\ x)]\}$
$\&\ l(x) > 0$

x は【論理式】の列であり，そのそれぞれの論理式は【基本論理式】であるか，または，列の先に現れている論理式から，【否定】，【離接】，【普遍化】のどれかの作用により生じたものである．

23. $\text{Form}(x) \equiv (En)\{n \leq (Pr([l(x)]^2))^{x \cdot [l(x)]^2}$
    $\&\ FR(n)\ \&\ x = [l(n)]\ Gl\ n\}$[35]

    x は【論理式】である（すなわち，【論理式列】n の最後の要素ということ）．

24. $v\ \text{Geb}\ n, x \equiv \text{Var}(v)\ \&\ \text{Form}(x)\ \&$
    $(Ea, b, c)[a, b, c \leq x\ \&\ x = a * (v\ Gen\ b) * c$
    $\&\ \text{Form}(b)\ \&\ l(a) + 1 \leq n \leq l(a) + l(v\ Gen\ b)]$

    【変数】v は，x の中の n 番目の場所では【束縛されている】．

25. $v\ Fr\ n, x \equiv \text{Var}(v)\ \&\ \text{Form}(x)\ \&\ v = n\ Gl\ x\ \&$
    $n \leq l(x)\ \&\ \overline{v\ \text{Geb}\ n, x}$

---

[35] $n \leq (Pr([l(x)]^2))^{x \cdot [l(x)]^2}$ という評価は，おおよそ，次のように理解すればよい：x にいたる論理式列の長さは，x の部分論理式の総数以下である．一方，長さ 1 の部分論理式は，たかだか，$l(x)$ しかない．長さ 2 では，たかだか，$l(x) - 1$ である．以下同様に考えると，全体で，たかだか，$l(x)[l(x) + 1]/2 \leq [l(x)]^2$ となる．したがって，n の素因数は，すべて $Pr\{[l(x)]^2\}$ 以下としてよい．[34] また，その総数は $\leq [l(x)]^2$ であり，さらに，指数（それは x の部分論理式である）は $\leq x$ である．

【変数】v は，x の中の n 番目の場所では【自由である】．

26. $v \ Fr \ x \equiv (En)[n \leq l(x) \ \& \ v \ Fr \ n, x]$

    v は x の中に【自由変数】として現れている．

27. $Su \ x \begin{pmatrix} n \\ y \end{pmatrix} \equiv \epsilon z \{ z \leq [Pr(l(x) + l(y))]^{x+y} \ \&$
    $\qquad (Eu, v)[u, v \leq x \ \&$
    $\qquad\qquad x = u * R(n \ Gl \ x) * v \ \&$
    $\qquad\qquad z = u * y * v \ \& \ n = l(u) + 1]\}$

    $Su \ x \begin{pmatrix} n \\ y \end{pmatrix}$ は，x の n 番目の要素に y を当てはめることにより，x からできるものである（ただし，$0 < n \leq l(x)$ を前提条件とする）．

28. $0 \ St \ v, x \equiv \epsilon n \{ n \leq l(x) \ \& \ v \ Fr \ n, x \ \&$
    $\qquad \overline{(Ep)}[n < p \leq l(x) \ \& \ v \ Fr \ p, x]\}$

    $(k+1) \ St \ v, x \equiv \epsilon n \{ n < k \ St \ v, x \ \& \ v \ Fr \ n, x \ \&$
    $\qquad \overline{(Ep)}[n < p < k \ St \ v, x \ \& \ v \ Fr \ p, x]\}$

    $k \ St \ v, x$ は，x の中で v が【自由】であるような場所のうちで，（【論理式】x の終わりから数えて）$k+1$ 番目のものである（こういう場所がない場合は，$k \ St \ v, x$ は 0 である）．

29. $A(v, x) \equiv \epsilon n \{ n \leq l(x) \ \& \ n \ St \ v, x = 0 \}$

    $A(v, x)$ は，x の中で v が【自由】であるような場所の総数である．

30. $Sb_0 \begin{pmatrix} x^v \\ y \end{pmatrix} \equiv x$

$$Sb_{k+1}\begin{pmatrix}v\\x\\y\end{pmatrix} \equiv Su\,[Sb_k\begin{pmatrix}v\\x\\y\end{pmatrix}]\begin{pmatrix}k\ St\ v,x\\y\end{pmatrix}$$

31. $Sb\begin{pmatrix}v\\x\\y\end{pmatrix} \equiv Sb_{A(v,x)}\begin{pmatrix}v\\x\\y\end{pmatrix}$[36)]

    $Sb\begin{pmatrix}v\\x\\y\end{pmatrix}$ は上で定義された【Subst】$a\begin{pmatrix}v\\b\end{pmatrix}$ という概念である.[37)]

32. $x\ \text{Imp}\ y \equiv [\text{Neg}(x)]\ \text{Dis}\ y$

    $x\ \text{Con}\ y \equiv \text{Neg}\{[\text{Neg}(x)]\ \text{Dis}\ [\text{Neg}(y)]\}$

    $x\ \text{Aeq}\ y \equiv (x\ \text{Imp}\ y)\ \text{Con}\ (y\ \text{Imp}\ x)$

    $v\ \text{Ex}\ y \equiv \text{Neg}\{v\ \text{Gen}\ [\text{Neg}(y)]\}$

33. $n\ Th\ x \equiv \epsilon y\{y \leq x^{(x^n)}\ \&\ (k)[k \leq l(x) \to$
    $(k\ Gl\ x \leq 13\ \&\ k\ Gl\ y = k\ Gl\ x)\ \vee$
    $(k\ Gl\ x > 13\ \&$
    $k\ Gl\ y = k\ Gl\ x \cdot [1\ Pr\ (k\ Gl\ x)]^n)]\}$

    $n\ Th\ x$ は(x と $n\ Th\ x$ が【論理式】になる場合には)x の【n 番目の型持ち上げ】である.[35]

公理Ⅰの1から3に,ある三つの決まった数が対応する.それらを z_1, z_2, z_3 と表し,次の定義をする:

34. $Z\text{-}Ax(x) \equiv (x = z_1 \vee x = z_2 \vee x = z_3)$

[36)] v が【変数】でないときや,x が【論理式】でないときは,$Sb\begin{pmatrix}v\\x\\y\end{pmatrix} = x$ である.

[37)] $Sb\left[Sb\begin{pmatrix}v\\x\\y\end{pmatrix}\begin{matrix}w\\s\end{matrix}\right]$ のかわりに,$Sb\begin{pmatrix}v\ w\\x\\y\ s\end{pmatrix}$ と書く(変数が二つより多い場合も同様である).

35. $A_1\text{-}Ax(x) \equiv (Ey)[y \leq x \,\&\, \text{Form}(y) \,\&\,$
    $x = (y \,\text{Dis}\, y) \,\text{Imp}\, y]$

    x は，公理図式 II の 1 への代入によってできる【論理式】である．同様に，公理図式[36] II の 2 から 4 に対応する $A_2\text{-}Ax$, $A_3\text{-}Ax$, $A_4\text{-}Ax$ が定義される．

36. $A\text{-}Ax(x) \equiv A_1\text{-}Ax(x) \lor A_2\text{-}Ax(x) \lor A_3\text{-}Ax(x) \lor A_4\text{-}Ax(x)$

    x は命題公理への代入によってできる【論理式】である．[37]

37. $Q(z, y, v) \equiv \overline{(En, m, w)}[n \leq l(y) \,\&\, m \leq l(z) \,\&\,$
    $w \leq z \,\&\, w = m \,\text{Gl}\, z \,\&\, w \,\text{Geb}\, n, y \,\&\, v \,\text{Fr}\, n, y]$

    z は，v が【自由】である y の場所で【束縛】される【変数】を，もたない．

38. $L_1\text{-}Ax(x) \equiv (Ev, y, z, n)\{v, y, z, n \leq x \,\&\, n \,\text{Var}\, v \,\&\,$
    $\text{Typ}_n(z) \,\&\, \text{Form}(y) \,\&\, Q(z, y, v) \,\&\,$
    $x = (v \,\text{Gen}\, y) \,\text{Imp}\, [Sb\begin{pmatrix}v\\y\\z\end{pmatrix}]\}$

    x は公理図式 III, 1 から代入によってできる【論理式】である．

39. $L_2\text{-}Ax(x) \equiv (Ev, q, p)\{v, q, p \leq x \,\&\, \text{Var}(v) \,\&\,$
    $\text{Form}(p) \,\&\, \overline{v \,Fr\, p} \,\&\, \text{Form}(q) \,\&\,$
    $x = [v \,\text{Gen}\, (p \,\text{Dis}\, q)] \,\text{Imp}\, [p \,\text{Dis}\, (v \,\text{Gen}\, q)]\}$

    x は公理図式 III, 2 から代入によってできる【論理式】である．

40. $R\text{-}Ax(x) \equiv (Eu,v,y,n)[u,v,y,n \leq x \ \& \ n \ \text{Var} \ v$
    $\& \ (n+1) \ \text{Var} \ u \ \& \ \overline{u \ Fr \ y} \ \& \ \text{Form}(y)$
    $\& \ x = u \ \text{Ex} \ \{v \ \text{Gen} \ [[R(u) * E(R(v))] \ \text{Aeq} \ y]\}]$
    x は公理図式 IV, 1 から代入によってできる【論理式】である.

公理 V, 1 に対して, ある決まった数 z_4 が対応する. そして, 次のような定義をする:

41. $M\text{-}Ax(x) \equiv (En)[n \leq x \ \& \ x = n \ Th \ z_4]$
42. $Ax(x) \equiv Z\text{-}Ax(x) \lor A\text{-}A(x) \lor L_1\text{-}Ax(x)$
    $\lor L_2\text{-}Ax(x) \lor R\text{-}Ax(x) \lor M\text{-}Ax(x)$
    x は【公理】である.
43. $Fl(x,y,z) \equiv y = z \ \text{Imp} \ x \lor$
    $(Ev)[v \leq x \ \& \ \text{Var}(v) \ \& \ x = v \ \text{Gen} \ y]$
    x は, y と z の【直接の帰結】である.[38]
44. $Bw(x) \equiv (n)\{0 < n \leq l(x) \rightarrow Ax(n \ Gl \ x) \lor$
    $(Ep,q)[0 < p,q < n \ \& \ Fl(n \ Gl \ x, p \ Gl \ x, q \ Gl \ x)]\}$
    $\& \ l(x) > 0$
    x は【証明図】(【論理式】の有限列で, その各論理式が【公理】であるか, すでに現れた二つの論理式の【直接の帰結】となっているもの) である.
45. $x \ B \ y \equiv Bw(x) \ \& \ [l(x)] \ Gl \ x = y$
    x は【論理式】 y の【証明】である.
46. $\text{Bew}(x) \equiv (Ey)y \ B \ x$
    x は【証明可能な論理式】である. [$\text{Bew}(x)$ は 1-46 の

概念のうちで，ただ一つ再帰的であることを主張できない概念である.]

P の内容の解釈を使って"すべての再帰的関係が体系 P の中で定義可能である"と曖昧に表現される事実が，次の定理によって，正確に，しかも P の論理式の内容的解釈を引き合いに出さずに，表現できる：

定理 V：任意の再帰的関係 $R(x_1,\cdots,x_n)$ に対し，

$$R(x_1,\cdots,x_n) \to \mathrm{Bew}\left[Sb\begin{pmatrix}u_1 & \cdots u_n\\ r\\ Z(x_1)\cdots Z(x_n)\end{pmatrix}\right] \quad (3)$$

$$\overline{R}(x_1,\cdots,x_n) \to \mathrm{Bew}\left[\mathrm{Neg}\left(Sb\begin{pmatrix}u_1 & \cdots u_n\\ r\\ Z(x_1)\cdots Z(x_n)\end{pmatrix}\right)\right] \quad (4)$$

が任意の数の n-タプル $(x_1,\cdots,x_n)$ について成り立つような，$(u_1,u_2,\cdots,u_n)$ を【自由変数】[38]として持つ) n 項【関係記号】r が存在する．

この定理の証明には原理的な因難は無いし，また，かなり手間がかかるので，概略を述べるにとどめる.[39] この定理を $x_1 = \phi(x_2,\cdots,x_n)$ [40] の形をした任意の関係 $R(x_1,\cdots,x_n)$ に対して(ただし，ϕ は再帰的関数である) ϕ の次数によ

---

[38] 【変数】$u_1,\cdots,u_n$ は，任意に決めておいてよい．例えば，【自由変数】17, 19, 23, $\cdots$ に対して，(3)と(4)が成り立つような r が必ずある．

[39] 定理 V は当然，再帰的関係 R については，数の任意の n-タプルに対して，R が成り立つか否かを，体系 P の公理から決定できる，という事実に基づいている．

る完全帰納法[39]を使って証明する．次数 1 の関数(すなわち，定数と関数 $x+1$)については，定理は自明である．そこで，ϕ が次数 m であると仮定する．ϕ は代入か，または再帰的定義の作用により，より低い次数の関数 $\phi_1,\cdots,\phi_k$ から得られている．帰納法の仮定により，$\phi_1,\cdots,\phi_k$ に対しては，定理はすでに証明されているので，(3),(4)を満たすような対応する【関係記号】$r_1,\cdots,r_k$ が存在する．ϕ が $\phi_1,\cdots,\phi_k$ から定義される過程(すなわち，代入の操作と再帰的定義)は，すべて体系 P の中で形式的に再現することができる．このようにして，$r_1,\cdots,r_k$ から新しい【関係記号】r を得るが，[41] それに対して(3),(4)が成り立つことは，帰納法の仮定から困難なく証明できる．そして，このような方法で再帰的関係に割り当てられた【関係記号】r[42]は再帰的と呼ぶべきものである．

我々は今や我々の議論の目標点に到着した．κ を任意の【論理式】の類としよう．κ の【論理式】の全体とすべての【公理】を含み，さらに"【直接の帰結】"という関係に関して閉じているような，最小の【論理式】の集合を $\mathrm{Flg}(\kappa)$ (κ の帰結

---

[40] そのような関係は，$0 = \phi(x_1,\cdots,x_n)$ (ただし，ϕ は再帰的)と同値であるので，このことから，定理 V の妥当性が直ちに導かれる．

[41] この証明を正確に実行すると，r は，内容的説明によって間接的に定義されるのではなく，その純粋に形式的な性質によって，定義されることになる．

[42] したがって，内容的に解釈すれば，この記号は，もとの関係そのものを表現している．

集合)と表すことにする．κ が ω-無矛盾であるとは，次のような【類記号】a が存在しないことを言う：

$$(n)\left[Sb\begin{pmatrix}v\\a\\Z(n)\end{pmatrix} \in \mathrm{Flg}(\kappa)\right] \,\&\, [\mathrm{Neg}(v\,\mathrm{Gen}\,a)] \in \mathrm{Flg}(\kappa)$$

ただし，v は【類記号】a の唯一の【自由変数】である．

ω-無矛盾な体系は，明らかに，無矛盾でもある．しかし，後で示されるように，逆は成り立たない．

決定不能命題の存在についての一般的結果は，次のように表される：

定理 VI：【論理式】の類 κ が ω-無矛盾で再帰的であれば，$v\,\mathrm{Gen}\,r$ と $\mathrm{Neg}(v\,\mathrm{Gen}\,r)$ のどちらも $\mathrm{Flg}(\kappa)$ に属さないような再帰的な【類記号】r が存在する（ただし，v は r の唯一の【自由変数】である）．

証明：再帰的で ω-無矛盾な【論理式】の集合 κ を任意にとる．次のように定義する：

$$Bw_\kappa(x) \equiv (n)[n \leq l(x) \to Ax(n\,Gl\,x) \vee (n\,Gl\,x) \in \kappa$$
$$\vee\, (Ep,q)\{0 < p, q < n \,\&\, Fl(n\,Gl\,x, p\,Gl\,x, q\,Gl\,x)\}]$$
$$\&\, l(x) > 0 \qquad (5)$$

（類似の概念 44 を参照）．

$$x\,B_\kappa\,y \equiv Bw_\kappa(x) \,\&\, [l(x)]\,Gl\,x = y \qquad (6)$$

$$\mathrm{Bew}_\kappa(x) \equiv (Ey)y\,B_\kappa\,x \qquad (6.1)$$

（類似の概念 45, 46 を参照）．次は明らかに正しい：

$$(x)[\mathrm{Bew}_\kappa(x) \sim x \in \mathrm{Flg}(\kappa)] \qquad (7)$$

$$(x)[\mathrm{Bew}(x) \to \mathrm{Bew}_\kappa(x)] \qquad (8)$$

我々は次の関係を定義する：

$$Q(x,y) \equiv \overline{x\ B_\kappa \left[Sb\begin{pmatrix} 19 \\ y\ Z(y) \end{pmatrix} \right]} \quad (8.1)$$

$x\ B_\kappa\ y$ と $Sb\begin{pmatrix} 19 \\ y\ Z(y) \end{pmatrix}$ は再帰的である（前者は(6), (5)により，後者は定義17, 31による）．したがって，$Q(x,y)$ も再帰的である．定理Ⅴと(8)により，(【自由変数】として17, 19をもつ)次のような【関係記号】q が存在する：

$$\overline{x\ B_\kappa \left[Sb\begin{pmatrix} 19 \\ y\ Z(y) \end{pmatrix} \right]} \to \mathrm{Bew}_\kappa \left[Sb\begin{pmatrix} 17 & 19 \\ q\ Z(x) & Z(y) \end{pmatrix} \right] \tag{9}$$

$$x\ B_\kappa \left[Sb\begin{pmatrix} 19 \\ y\ Z(y) \end{pmatrix} \right] \to \mathrm{Bew}_\kappa \left[\mathrm{Neg}\left(Sb\begin{pmatrix} 17 & 19 \\ q\ Z(x) & Z(y) \end{pmatrix} \right) \right] \tag{10}$$

p を次のように置く：

$$p = 17\ \mathrm{Gen}\ q \tag{11}$$

（p は【自由変数】19をもつ【類記号】になる）．また，r を

$$r = Sb\begin{pmatrix} 19 \\ q\ Z(p) \end{pmatrix} \tag{12}$$

と置く（r は【自由変数】17をもつ再帰的な【類記号】になる[43]）．このとき，((11)と(12)により)

---

[43] r は，再帰的【関係記号】q から，ある【変数】を，ある特定の数(p)で置き換えてできるのである．『正確に言えば，この脚注の "ある

$$Sb\begin{pmatrix}19\\p\\Z(p)\end{pmatrix} = Sb\left([17\text{ Gen }q]\begin{matrix}19\\Z(p)\end{matrix}\right)$$

$$= 17\text{ Gen }Sb\begin{pmatrix}19\\q\\Z(p)\end{pmatrix}$$

$$= 17\text{ Gen }r \qquad (13)$$

が成り立つ.[44] さらに,（(12)により）

$$Sb\begin{pmatrix}17 & 19\\q\\Z(x) & Z(p)\end{pmatrix} = Sb\begin{pmatrix}17\\r\\Z(x)\end{pmatrix} \qquad (14)$$

が成り立つ．さて，(9) と (10) において，y に p を代入し，さらに (13) と (14) を用いれば，次が成り立つ：

$$\overline{x\ B_\kappa\ (17\text{ Gen }r)} \to \text{Bew}_\kappa\left[Sb\begin{pmatrix}17\\r\\Z(x)\end{pmatrix}\right] \qquad (15)$$

$$x\ B_\kappa\ (17\text{ Gen }r) \to \text{Bew}_\kappa\left[\text{Neg}\left(Sb\begin{pmatrix}17\\r\\Z(x)\end{pmatrix}\right)\right] \qquad (16)$$

その結果として，次の二つが成り立つ：

1. 17 Gen r は κ-【証明可能】でない.[45] なぜなら，この結論に反するとするならば，(6.1 によって) $n\ B_\kappa\ (17\text{ Gen}$

【変数】…置き換えて" の部分は(それは証明とは関係のない副次的な注意を述べているのであるが)，次のように読むことになるだろう："ある【変数】を，p を表す【数字】で【置き換えて】"」

[44] 異なった変数に適用されているならば，Gen と Sb の二つの操作が常に交換可能であることは明らかである．

r) となる n が存在することになる．その結果(16)から

$$\mathrm{Bew}_\kappa \left[\mathrm{Neg} \left(Sb \begin{pmatrix} 17 \\ r \\ Z(n) \end{pmatrix} \right) \right]$$

となる．ところが他方で，17 Gen r の κ-【証明可能性】より，$Sb \begin{pmatrix} 17 \\ r \\ Z(n) \end{pmatrix}$ の κ-【証明可能性】も導かれる．したがって，κ は矛盾することになってしまう（ω-矛盾であることはなおさらである）．

2. $\mathrm{Neg}(17 \ \mathrm{Gen} \ r)$ は κ-【証明可能】でない．証明：前述のとおり，17 Gen r は κ-【証明可能】でない．言い替えれば，(6.1 によって)

$$(n)\overline{nB_\kappa(17 \ \mathrm{Gen} \ r)}$$

が成り立つ．したがって，(15)によれば，

$$(n)\mathrm{Bew}_\kappa \left[Sb \begin{pmatrix} 17 \\ r \\ Z(n) \end{pmatrix} \right]$$

であるが，これは，

$$\mathrm{Bew}_\kappa[\mathrm{Neg}(17 \ \mathrm{Gen} \ r)]$$

と合わせて考えると，κ の ω-無矛盾性に反することになってしまう．

かくして，17 Gen r は κ から決定不能となり，定理 VI は証明された．

[45)] x が κ-【証明可能】とは，$x \in \mathrm{Flg}(\kappa)$ のことである．それは，(7)によれば，$\mathrm{Bew}_\kappa(x)$ ということである．

以上の証明は構成的であることが容易にわかる.[45a)] すなわち，次に述べる事実が直観主義的に反論できないようなやりかたで証明されたのである：再帰的に定義された【論理式】の類 κ が任意に与えられたとする．そのとき，もし，【文論理式】17 Gen r（この論理式は，『それぞれの κ に対して』実際に明示できる）か，その否定が（κ から）形式的に証明されているならば，次のものを実際に提示できる：

1. Neg(17 Gen r) の【証明】.

2. 任意の n に対して，$Sb\left(r\begin{array}{c}17\\Z(n)\end{array}\right)$ の【証明】.

すなわち，17 Gen r が形式的に決定されるならば，その結果として，ある ω-矛盾が実際に提示されるのである．

自然数の間の関係（類）$R(x_1,\cdots,x_n)$ が**決定的**[40] であるとは，(3) と (4)（定理 V 参照）が成り立つような n-項【関係記号】が与えられていることをいう．特に，定理 V より，任意の再帰的関係は決定的になる．同様に，【関係記号】が**決定的**とは，それが，以上のようなやりかたで，ある決定的な関係に対応づけられていることをいう．κ からの決定不能な命題の存在には，類 κ が ω-無矛盾かつ決定的であると仮定すれば十分である．というのは，$x\ B_\kappa\ y$（(5), (6) 参照）と $Q(x,y)$（(8.1) 参照）が決定的であるという性質を κ から受け

[45a)] というのは，証明に現れる存在に関する主張は，すべて定理 V に基づいており，そして，その定理 V は，簡単にわかるように，直観主義的に反論できないものだからである．

継ぐからであり，また，上述の証明では，この性質だけが利用されていたからである．その場合の決定不能命題は，rをある決定的な【類記号】として，$v \, \text{Gen} \, r$という形をしている（ついでながら，κが，κから拡張された体系において決定的であれば十分である）．

κがω-無矛盾でなく無矛盾であるとだけ仮定すると，決定不能命題の存在は確かにでてこないが，しかし，ある性質(r)で,その反例をあげることもできなければ,すべての数に対してそれが成り立つことも証明できない，ようなものの存在は導ける[41]．というのは，$17 \, \text{Gen} \, r$がκ-【証明可能】でないことを証明するには，κが無矛盾であることだけが利用されていた（p.44 参照）．そして，(15)を使えば，$\overline{\text{Bew}_\kappa}(17 \, \text{Gen} \, r)$より，各数$x$に対して$Sb\left(r \genfrac{}{}{0pt}{}{17}{Z(x)}\right)$が$\kappa$-【証明可能】である．したがって，どんな数[訳注：x]に対しても，$\text{Neg}\left(Sb\left(r \genfrac{}{}{0pt}{}{17}{Z(x)}\right)\right)$は，$\kappa$-【証明可能】でないからである．

$\text{Neg}(17 \, \text{Gen} \, r)$を$\kappa$に添加すると，無矛盾であるが$\omega$-無矛盾でない【論理式の類】$\kappa'$を得る．実際，$\kappa'$は無矛盾である．そうでないと，$17 \, \text{Gen} \, r$が$\kappa$-【証明可能】になってしまうからである．しかし，$\kappa'$は$\omega$-無矛盾ではない．なぜならば，$\overline{\text{Bew}_\kappa}(17 \, \text{Gen} \, r)$と(15)によって，$(x)\text{Bew}_\kappa \, Sb\left(r \genfrac{}{}{0pt}{}{17}{Z(x)}\right)$が成り立ち，ゆえになおさら

$$(x)\text{Bew}_{\kappa'} \, Sb\left(r \genfrac{}{}{0pt}{}{17}{Z(x)}\right)$$

となり，他方で，もちろん，
$$\text{Bew}_{\kappa'}[\text{Neg}(17\ \text{Gen}\ r)]$$
だからである．[46]

定理 VI の特殊例として，類 κ が有限個の【論理式】(および，必要ならば，それらの論理式から【型持ち上げ】によってできたもの)からなる場合がある．任意の有限類 α は，当然，再帰的である．a を，α に属する最大の数であるとしよう．そうすれば，こういう場合は，κ に対して，[42]
$$x \in \kappa \sim (Em, n)[m \leq x\ \&\ n \leq a\ \&\ n \in \alpha$$
$$\&\ x = m\ Th\ n]$$
が成り立つ．[43]

したがって，κ は再帰的である．これにより，例えば，(任意の型に関する)選択公理や一般連続体仮説の助けを借りても，これらの仮説が ω-無矛盾である限りは，すべての命題が決定可能となるわけではない，と結論できる．

定理 VI の証明においては，体系 P の性質としては，次のもの以外はなにも使っていない：

1. 公理の類と推論規則(すなわち，"直接の帰結"という関係)は(基本記号をなんらかの方法で自然数に置き換えれば)再帰的に定義可能である．
2. すべての再帰的な関係は，(定理 V の意味で)体系 P

---

[46] このように，無矛盾でかつ ω-無矛盾でない κ の存在は，一般に無矛盾な κ が存在するという条件の下でのみ証明される(特に，P は無矛盾であることになる)．

の中で定義可能である.

それゆえに,前提条件 1, 2 を満たし,かつ ω-無矛盾であるような任意の形式系には,$(x)F(x)$ の形の決定不能な命題が存在することになる.ただし,F は再帰的に定義された自然数の性質である.そのような体系を再帰的に定義可能な,ω-無矛盾な,公理の類によって拡張したものについても,同じことがおきる.前提条件 1, 2 を満たす体系としては,ツェルメロ–フレンケルとフォン・ノイマンの集合論の公理体系,[47) また,ペアノの諸公理,(図式 (2) による) 再帰的定義,および論理規則,からなる数論の公理体系,があることは容易にわかる.[48) 一般に普通の推論規則をもち,(P と同じように) その公理が有限個の図式からの代入より生じるような体系はどれも条件 1 を満たす.[48a)

[47) この場合,前提条件 1 の証明は,P の場合より簡単にすらなる.基本変数の種類がひとつ (J. フォン・ノイソの場合は二つ) しかないからである.

[48) D. ヒルベルトの講演:数学の基礎付けの諸問題,数学年鑑 102,[44] の問題 III,参照.

[48a) この論文の第 II 部[45] で示すように,すべての数学の形式系に付きまとう不完全性の真の理由は,どんな形式系においてもたかだか可算個の型しかないのにひきかえ,高階の型の構成は常に超限的に継続できる (D. ヒルベルト,無限について,数学年鑑 95,[46] p.184 を参照),ということにある.ここで作成した決定不能命題は,適当な高階の型の添加 (例えば,形式系 P への型 ω の添加) により,いつでも決定可能となる,ということは簡単に判る.集合論の公理系についても同様のことが成り立つ.

3.

さて，定理 VI からさらなる結論を引き出すために，次のような定義をする：関係(類)が算術的とは，$+$, $\cdot$(自然数に関する加算および掛け算[49])，および，論理的定数 $\vee$, $\overline{}$, (x), $=$ のみを用いて定義されるということである．ただし，(x) と $=$ は自然数のみを参照するものとする．[50] "算術的命題" という概念も同じように定義される．特に，例えば，"より大きい" とか "ある法について合同"[48] という関係が算術的であることが，次が成り立つことからわかる：

$$x > y \sim \overline{(Ez)}[y = x + z]$$

$$x \equiv y (\bmod n) \sim (Ez)[x = y + z \cdot n \vee y = x + z \cdot n]$$

このとき，次が成り立つ：

定理 VII：任意の再帰的関係は算術的である．

この定理を次の形で証明する：ϕ が再帰的であるとき，関係 $x_0 = \phi(x_1, \cdots, x_n)$ は算術的となる．証明には ϕ の次数による完全帰納法を使う．ϕ が次数 s ($s>1$) を持つとする．このとき，次のどちらかが成り立つ：

1. $\phi(x_1, \cdots, x_n) = \rho[\chi_1(x_1, \cdots, x_n), \chi_2(x_1, \cdots, x_n), \cdots,$

---

[49] ここでも以下でも，常に 0 は自然数であるとする．

[50] したがって，そのような概念の定義式は，ここで引用した記号と自然数のための変数，$x, y, \cdots$，および，記号 0, 1 のみから作られていなければならない(関数や集合のための変数は現れてはならない)．(接頭辞[47] においては，x の代わりに他のどんな数変数が入っていてもよい．)

$\chi_m(x_1,\cdots,x_n)]^{51)}$

(ここで ρ およびすべての χ_i は，s より小さい次数をもつ），あるいは：

2. $\phi(0, x_2,\cdots,x_n) = \psi(x_2,\cdots,x_n)$
   $\phi(k+1, x_2,\cdots,x_n)$
   $= \mu[k, \phi(k, x_2,\cdots,x_n), x_2,\cdots,x_n]$

(ここで，ψ, μ は s より小さい次数をもつ）．

最初の場合には，帰納法の仮定によって存在する $x_0 = \rho(y_1,\cdots,y_m)$ と $y = \chi_i(x_1,\cdots,x_n)$ に同値な算術的関係を，それぞれ，R と S_i とすると

$x_0 = \phi(x_1,\cdots,x_n) \sim (Ey_1\cdots y_m)[R(x_0, y_1,\cdots,y_m)$ &
$\qquad S_1(y_1, x_1,\cdots,x_n)$ & $\cdots$ & $S_m(y_m, x_1,\cdots,x_n)]$

が成り立つ．したがって，この場合 $x_0 = \phi(x_1,\cdots,x_n)$ は算術的である．

二番目の場合は，次のようにする：関係 $x_0 = \phi(x_1,\cdots,x_n)$ は "数列" の概念（f とする$^{52)}$）の助けを借りると次のように表現できる：

$$x_0 = \phi(x_1,\cdots,x_n) \sim (Ef)\{f_0 = \psi(x_2,\cdots,x_n)$$
$$\& \ (k)[k < x_1 \to f_{k+1} = \mu(k, f_k, x_2,\cdots,x_n)]$$

---

51) もちろん，$x_1,\cdots,x_n$ のすべてが，実際に χ_i に現れる必要はない（原注 27）の例を参照せよ）．

52) ここで，f は，その値が自然数の『無限』列であるような変数である．f_k で，ある列 f の第 $k+1$-要素を表す（f_0 が第一要素）．

$$\& \ x_0 = f_{x_1}\}$$

帰納法の仮定によって存在する，$y=\psi(x_2,\cdots,x_n)$ と $z=\mu(x_1,\cdots,x_{n+1})$ に同値な算術的関係を，それぞれ，$S(y, x_2,\cdots,x_n)$ と $T(z,x_1,\cdots,x_{n+1})$ であるとすると，

$$x_0 = \phi(x_1,\cdots,x_n) \sim (Ef)\{S(f_0, x_2,\cdots,x_n)$$
$$\& \ (k)[k < x_1 \to T(f_{k+1}, k, f_k, x_2,\cdots,x_n)]$$
$$\& \ x_0 = f_{x_1}\} \tag{17}$$

が成り立つ．そして今度は，数の対 n, d に数列 $f^{(n,d)}$ ($f_k^{(n,d)} = [n]_{1+(k+1)d}$) を割り当てることにより，"数列"という概念を"数の対"で置き換える．ただし，$[n]_p$ は法 p による n の最小の非負な剰余を表す．

このとき次が成り立つ．

補題1：f が任意の自然数列，k が任意の自然数であるとすると，$f^{(n,d)}$ と f の最初の k 個の要素が一致するような自然数の対 n, d が存在する．

証明：l を $k, f_0, f_1, \cdots, f_{k-1}$ の中の最大の数とする．このとき，

$$n \equiv f_i \ [\mathrm{mod} \ (1 + (i+1)l!)] \qquad (i = 0, 1, \cdots, k-1)$$

となるような n を決定することができる．これは，$1 + (i+1)l!$ ($i=0,1,\cdots,k-1$) という形の二つの (異なる) 数が互いに素だからである．というのは，こういう二つの数の因子となる素数は，それらの差 $(i_1 - i_2)l!$ の因子となり，また，$|i_1 - i_2| < l$ だから，$l!$ の因子になる．しかし，これはあり

えない．よって，求めるべき数の対は，$n, l!$ である．

関係 $x = [n]_p$ は
$$x \equiv n \pmod{p} \ \& \ x < p$$
と定義され，したがって算術的であるから，
$$P(x_0, x_1, \cdots, x_n) \equiv (En, d)\{S([n]_{d+1}, x_2, \cdots, x_n)$$
$$\& \ (k)[k < x_1 \to T([n]_{1+d(k+2)}, k, [n]_{1+d(k+1)}, x_2, \cdots, x_n)]$$
$$\& \ x_0 = [n]_{1+d(x_1+1)}\}$$
と定義された関係 $P(x_0, x_1, \cdots, x_n)$ も算術的である．そして，(17)と補題1によって，これは $x_0 = \phi(x_1, \cdots, x_n)$ と同値である．((17)の列 f では，最初の $x_1 + 1$ 個の要素だけが問題である．) これで定理 VII が証明された．

定理 VII によれば $(x)F(x)$ (F は再帰的) という形の任意の問題に対して，それと同等な算術的な問題が存在する．また，定理 VII の証明全体が (ひとつひとつの F については) 体系 P で形式化されえるので，この同等性は P の中で証明可能である．したがって，次が成り立つ：

定理 VIII：定理 VI で言及したすべての形式系[53]には，決定不能な算術的命題が存在する．

同じことが，(p.48 の説明によって) 集合論の公理体系や，その ω-無矛盾で再帰的な公理の類による拡張に対しても成り立つ．

最後に，もう一つ，次の結果を示す：

定理 IX：定理 VI で言及したすべての形式系には，[53] 狭義関数計算系[54][50] の決定不能な問題が存在する（すなわち，狭義関数計算系の論理式で，その恒真性も，反例の存在も，どちらも証明することができないものが存在する）.[55]

これは次の定理の帰結である：

定理 X：$(x)F(x)$（F は再帰的）という形の任意の問題は，狭義関数計算系のある論理式の充足可能性の問題に還元できる（すなわち，任意の再帰的な F に対して，その充足性が，$(x)F(x)$ の正しさと同値となるような，狭義関数計算系の論理式を与えることができる）.

狭義関数計算系では，論理式は $\overline{}$, $\vee$, (x), $=$; $x, y, \cdots$（個体変数），$F(x)$, $G(x,y)$, $H(x,y,z)$, $\cdots$（特性変数[52]または関係変数）という基本記号から構成されているとする.[56] ただし，(x) と $=$ は個体のみを参照するとする．我々

---

[53] すなわち，ある再帰的に定義可能な公理の類の追加によって，P からできる ω-無矛盾な体系である．

[54] ヒルベルト-アッカーマン，理論論理学の基本性質［訳注：1928］参照．体系 P においての，狭義関数計算系の論理式とは，PM の狭義関数計算系の論理式から，p.22 で示唆した高階型の類による関係の置き換えによってできるものと理解すべきである．[49]

[55] 私の論文，論理関数計算の公理の完全性，数学物理学月報，XXXVII, 2[51] で，私は狭義関数計算系の任意の論理式は恒真的であることが証明できるか，その反例が存在するかのどちらかであることを示した．しかし，定理 IX によれば，そのような反例の存在は（引用した形式系において）必ず証明できるわけではない．

は，これらの記号に，さらに，対象関数を表す第3種の変数 $\phi(x)$, $\psi(x,y)$, $\chi(x,y,z)$ 等，を追加する．(すなわち，$\phi(x)$, $\psi(x,y)$ 等は，その引数と値が個体であるような1価関数を表す．)[57] 先に述べた狭義関数計算系の記号以外に，第3種の変数($\phi(x)$, $\psi(x,y)$, $\cdots$ 等)を含む論理式を，広義の論理式と呼ぶ．[58] "充足可能"，"恒真的" 等の概念は，広義の論理式の場合に簡単に移行できるし，任意の広義の論理式 A に対して，A と B の充足可能性が同値となるような，狭義関数計算系の普通の論理式 B を与えることができる，という定理が成り立つ．B は A から次のようにしてえられる．まず，A の第3種の変数 $\phi(x), \psi(x,y), \cdots$ を $(\imath z)F(z,x)$, $(\imath z)G(z,x,y)$, $\cdots$ という形の表現で置き換える．次に，これらの "記述的な" 関数を PM, I*14 のやり方で消去する．そして，そうやってできた論理式に，$\phi, \psi, \cdots$ を置き換えた $F, G, \cdots$ すべてが第一引数に関して一意的であることを意味する表明を，論理的に書ける．[59] こうしてできたものが B である．

---

[56] ヒルベルトとアッカーマンは，先に引用したばかりの著作において，記号 = を狭義関数計算系の記号として数えていない．しかしながら，記号 = が現れるような任意の論理式に対して，それと同時に充足可能であり，しかも，記号 = が現れないような論理式が存在する（原注55)で引用された論文を参照せよ).

[57] 正確には，定義域は常に個体領域の全体でなくてはいけない．

[58] 第3種の変数は，また，$y=\phi(x)$, $F(x,\phi(y))$, $G[\psi(x,\phi(y)),x]$ 等のように，個体変数のための引数に現れてもよい．

[59] すなわち，連言を作る．

さて，$(x)F(x)$（F は再帰的）という形の任意の問題に対して，それと同値な，ある広義論理式の充足可能性の問題が存在することを示す．それゆえ，先程述べた注意により，定理 X が成り立つ．

F が再帰的なので，$F(x) \sim [\Phi(x)=0]$ となる再帰的関数 $\Phi(x)$ が存在する．この Φ に対しては，$\Phi_1, \Phi_2, \cdots, \Phi_n$ という関数列が存在し，$\Phi_n = \Phi$，$\Phi_1(x) = x+1$ であり，また，任意の $\Phi_k (1 < k \leq n)$ については，次の条件のどれか一つが成り立つ：

1. $(x_2, \cdots, x_m)[\Phi_k(0, x_2, \cdots, x_m) = \Phi_p(x_2, \cdots, x_m)]$,
   $(x, x_2, \cdots, x_m)\{\Phi_k[\Phi_1(x), x_2, \cdots, x_m]$
   $\qquad = \Phi_q[x, \Phi_k(x, x_2, \cdots, x_m), x_2, \cdots, x_m]\}$
   $\qquad\qquad p, q < k$ [59a)] $\qquad\qquad (18)$

2. $(x_1, \cdots, x_m)[\Phi_k(x_1, \cdots, x_m)$
   $\qquad = \Phi_r(\Phi_{i_1}(\mathfrak{x}_1), \cdots, \Phi_{i_s}(\mathfrak{x}_s))]$
   $\qquad r < k,\ i_v < k \quad (v = 1, 2, \cdots, s)$ [60)] (19)

3. $(x_1, \cdots, x_m)[\Phi_k(x_1, \cdots, x_m)$
   $\qquad = \Phi_1(\Phi_1(\cdots(\Phi_1(0))\cdots))]$ $\qquad (20)$

[59a)] 『式 (18) では，原注 27) の最後の節が，考慮されていなかった．しかし，実際には，証明の形式的妥当性のためには，右辺に少ない変数しかない場合を陽に表示した定式化が必要である．さもなくば，恒等関数 $I(x)=x$ を初期関数に加えなくてはいけない』

[60)] $\mathfrak{x}_i (i=1, \cdots, s)$ は，x_1, x_3, x_2 のように変数 $x_1, x_2, \cdots, x_m$ の何かある複合体を表す．

そしてさらに次の命題を構成する：

$$(x)\overline{\Phi_1(x) = 0} \ \& \ (x,y)[\Phi_1(x) = \Phi_1(y) \to x = y] \quad (21)$$

$$(x)[\Phi_n(x) = 0] \quad (22)$$

さてここで，(18)，(19)，(20) ($k=2, 3, \cdots, n$) のすべての論理式と(21)，(22)において，関数 Φ_i を関数変数 ϕ_i で置き換え，また，数 0 を他に出現しない個体変数 x_0 で置き換える．そして，こうしてできたすべての論理式の連言 C を構成する．

こうすれば，論理式 $(Ex_0)C$ は求められた性質をもつ．すなわち，次が成り立つ：

1. $(x)[\Phi(x) = 0]$ が成り立つとき，関数 $\Phi_1, \Phi_2, \cdots, \Phi_n$ を $(Ex_0)C$ の $\phi_1, \phi_2, \cdots, \phi_n$ に代入すれば，明らかに真な命題となるから，$(Ex_0)C$ は充足可能である．

2. $(Ex_0)C$ が充足可能ならば，$(x)[\Phi(x) = 0]$ が成り立つ．

証明：仮定により，$(Ex_0)C$ の $\phi_1, \phi_2, \cdots, \phi_n$ に代入すれば，$(Ex_0)C$ が真な命題になるような関数 $\Psi_1, \Psi_2, \cdots, \Psi_n$ が存在する．それらの個体領域[53]を J とする．関数 Ψ_i に対して $(Ex_0)C$ が真となるので，論理式(18)-(22)の Φ_i を Ψ_i に，0 を a に，置き換えてできる $(18')$-$(22')$ が真な命題になるような，(J の要素である) 個体 a が存在する．この a を含み，作用 $\Psi_1(x)$ で閉じている J の最小の部分類を構成する．この部分類 (J' とする) は，各関数 Ψ_i を J' の要素に適用すると，やはり J' の要素を生じる，という性質

をもつ．というのは，Ψ_1 に対しては，このことが J' の定義から成り立ち，この性質が，(18′)，(19′)，(20′) によって，より小さいインデックスをもつ Ψ_i から，大きいインデックスを持つ Ψ_i に転移するからである．Ψ_i の個体領域を J' に制限してできる関数を Ψ_i' とよぶことにする．この関数に対しても論理式 (18)–(22) がすべて成り立つ（ただし，0 は a で，Φ_i は Ψ_i' で置き換える）．

Ψ_1' と a に対して (21) が成り立つので，a が 0 になり，また，関数 Ψ_1' が直後関数 Φ_1 になるようなやり方で，J' の全個体を自然数の上に 1 対 1 に写像することができる．ところが，この写像によって，各関数 Ψ_i' は Φ_i に移り，さらに，(22) が Ψ_n' と a に対して正しいことから，$(x)[\Phi_n(x)=0]$ すなわち $(x)[\Phi(x)=0]$ が成り立つ．そして，これが証明すべきことであった．[61]

定理 X に至る考察もまた（それぞれの F に対して）体系 P の中で実行できるので，$(x)F(x)$（F は再帰的）という形の命題と，それに対応する狭義関数計算系の論理式の充足可能性の間の同値性が P で証明できる．したがって，一方の決定不能性から，もう一方の決定不能性が導かれるので，定理 IX が証明された．[62]

---

[61] もし，狭義関数計算系の決定問題が解決されるようなことがあれば，定理 X より，例えば，フェルマーの問題やゴールドバッハの問題が解決されることになる．

4.

第2節の結果から，体系 P(およびその拡張)の無矛盾性証明に関する奇妙な結論が導かれる．それは次のように述べることができる：

定理 XI：κ を任意の再帰的で無矛盾な【論理式】の類とせよ．[63] そのとき，κ が無矛盾であることを意味する【文論理式】は κ-【証明可能】でない．特に，P が無矛盾であるならば，P の無矛盾性は，P においては証明不能である[64]（無矛盾でない場合には，当然あらゆる命題が証明可能である）．

証明の概略は，次のとおりである：まず，以下の考察のために，【論理式】の再帰的な類 κ をひとつ選んで，これを固定して考える（一番単純な場合では空類でよい）．17 Gen r が κ-【証明可能】でない[65]，という事実の証明を p.44 の 1 で述べたが，そこでは，κ の無矛盾性だけが用いられていた．すなわち，

$$\text{Wid}(\kappa) \to \overline{\text{Bew}_\kappa}(17 \text{ Gen } r) \qquad (23)$$

---

[62] もちろん，定理 IX は，集合論の公理系やそれを ω-無矛盾な再帰的定義可能な公理クラスで拡張したものに対しても成り立つ．そういう体系にも，$(x)F(x)$ (F は再帰的) という形の決定不能命題が存在するからである．

[63] "κ が無矛盾である (Wid(κ) と省略して書く)" は，次のように定義する：Wid(κ) ≡ $(Ex)[\text{Form}(x) \ \& \ \overline{\text{Bew}_\kappa}(x)]$．

[64] κ に【論理式】の空集合を代入すれば，これが得られる．

[65] もちろん (p と同様に)，r は κ に依存する．

が成り立つ．すなわち，(6.1)により：
$$\mathrm{Wid}(\kappa) \to (x)\ \overline{x\ B_\kappa\ (17\ \mathrm{Gen}\ r)}$$
である．ところが，(13)により $17\ \mathrm{Gen}\ r = Sb\left(p\begin{smallmatrix}19\\Z(p)\end{smallmatrix}\right)$ であるから，
$$\mathrm{Wid}(\kappa) \to (x)\ \overline{x\ B_\kappa\ Sb\left(p\begin{smallmatrix}19\\Z(p)\end{smallmatrix}\right)}$$
となり，(8.1)により，
$$\mathrm{Wid}(\kappa) \to (x)\ Q(x, p) \tag{24}$$
となる．

さて，次の事実が成り立つことを確立しよう：第2節の全部[66]と，第4節の現時点までに定義された概念(あるいは，証明された命題)は，また P で表現(あるいは，証明)することができる．これは，一貫して，体系 P で形式化されるような，古典数学の普通の定義と証明方法だけが使われてきたからである．特に，κ は(任意の再帰的類がそうであるように)P で定義可能である．$\mathrm{Wid}(\kappa)$ を表現する P の【文論理式】を w とする．(8.1)，(9)，(10)によれば，関係 $Q(x, y)$ は【関係記号】q で表現され，[54] よって，$Q(x, p)$ は r で表現され((12)により $r = Sb\left(q\begin{smallmatrix}19\\Z(p)\end{smallmatrix}\right)$ だからである)，さらに，命題 $(x)Q(x, p)$ は $17\ \mathrm{Gen}\ r$ で表現される．

したがって，(24)により $w\ \mathrm{Imp}\ (17\ \mathrm{Gen}\ r)$ が P で証明

---

[66] p.27 の "再帰的" の定義から，定理 VI の証明まで(これらの定義や証明も含む)．

可能である(よって, もちろん κ-【証明可能】である). [67] そこで, もし w が κ-【証明可能】であるとするならば, 17 Gen r が κ-【証明可能】となってしまい, それにより, (23)から, κ が無矛盾でないことになってしまうのである.

この証明も構成的であることを注意しておこう. すなわちこれにより, κ からの w の【証明】が与えられれば, 実際に κ からの矛盾を導くことができる. 定理 XI の証明は逐語的に, 集合論の公理体系 M および古典数学公理体系 A[68] へ翻訳可能であり, したがって, さらに, 次の結果を与える: M が無矛盾ならば, M で形式化される M の無矛盾性証明は存在しない. そして, A についても同様の結果が成り立つ. 定理 XI は(そして, M, A についての対応する結果も), ヒルベルトの形式主義的な視点とまったく矛盾しないことをはっきりと注意しておこう. ヒルベルトの視点は, 有限的方法によって実行された無矛盾性証明の存在を前提としているだけであり, P(あるいは, M, A)では表現できないような有限的証明が存在するということも考えられるからである.

任意の無矛盾な類 κ に対し, w が κ-【証明可能】でないので, $\text{Neg}(w)$ が κ-【証明可能】でない場合には, (κ から)決定不能な命題(すなわち w)がすでに存在していることになる.

---

[67] (23)より, w Imp (17 Gen r) の正しさを示すことができる. その理由は, 単に, 決定不能命題 17 Gen r が, 最初に注意したように, それ自身の証明不可能性を主張しているからである.

[68] 参照:J. フォン・ノイマン, ヒルベルト証明論について, 数学雑誌 26, 1927.

言い換えれば,定理 VI において ω-無矛盾という仮定を次の条件で置き換えることができる:命題「κ は矛盾している」は κ-【証明可能】ではない.(この命題が κ-【証明可能】でないような無矛盾な κ が存在することに注意せよ.)

この論文では基本的には体系 P の場合に制限して話を進めた.その他の体系への適用は簡単に示唆したにすぎない.完全に一般的な形の結果の定式化とその証明は,間もなく出版される続編において行う予定である.その論文では,概略だけを示した定理 XI の証明の詳細も述べる予定である.

1963 年 8 月 28 日追加の注釈:後の進歩,特にチューリングの業績により,一般的な形式系の概念の精密かつ疑う余地もなく十分な定義を与えることができるため,今では,定理 VI と XI の完全に一般的なバージョンが可能である.すなわち,有限的な数論をある分量だけ含むような任意の無矛盾な形式系において,決定不能な算術の命題が存在し,さらに,そのようなシステムの無矛盾性は,そのシステム内では証明できない,という事実を,厳密に証明できるのである.[55]

訳　　注

[1] Anzeiger der Akad. d. Wiss. in Wien (math.-naturw. Kl.) 1930, Nr. 19.
[2] 形式系とは機械的な文法規則をもった言語と，証明の機械的規則からなる体系．"形式的"という言葉は"機械的"と同義語であり，また，機械的とは，コンピュータで処理できることと同義語である．
[3] A. Whitehead & B. Russell, *Principia Mathematica*, Second Edition, Cambridge, 1925.
[4] A. Fraenkel, Zehn Vorlesungen über die Grundlagen der Mengenlehre, *Wissensch. u. Hyp.* Bd. XXXI (1927).
[5] J. von Neumann, Die Axiomatisierung der Mengenlehre, *Mathematische Zeitschrift* 27, 1928. Eine Axiomatisierung der Mengenlehre, *Journal für die reine und angewandte Mathematik*, 154 (1925), Über die eine Widerspruchfreiheitsfrage in der axiomatischen Mengenlehre, *ibid* 160 (1929).
[6] D. Hilbert, Die Logische Grundlagen der Mathematik, *Mathematische Annalen* 88 (1923), Neubegründung der Mathematik (Erste Mitteilung), *Abhandlung aus dem mathematischen Seminar der Hamburgischen Universität*, I (1922), Die Grundlagen der Mathematik, *ibid* VI (1928). (ゲーデルは，Univ. Hamburgと書いている．)
[7] P. Bernays, Erwiderung auf die Note von Herrn Aloys Müller: "Über Zahlen als Zeichen", *Mathe-matische Annalen* 90, 1923.

[8] J. v. Neumann, Zur Hilbertschen Beweistheorie, *Mathematische Zeitschrift* 26(1927).

[9] W. Ackermann, Begründung des "tertium non datur" mittels der Hilbertschen Theorie der Widerspruchfreiheit, *Mathematische Annalen* 93, 1924.

[10] 決定する＝entscheiden：命題の真偽を決定すること．命題の真偽を決定するアルゴリズムは 論理学の重要研究対象である．現在，決定問題 Entscheidung Problem というときは，そういうアルゴリズムの問題をいうことが多い．しかし，ゲーデルが書いた，この「決定」は任意の文論理式(自由変数を持たない論理式)に対して「その論理式かその論理式の否定のどちらかが証明できる」という意味で使われる．この二つには緊密な関係があるが，ゲーデルの論文が書かれた当時には，この二つの関連は明らかになっていなかった．

[11] PM では点で式の"区切り"を表し，括弧の代用にした．強く区切るためには，点を沢山書く．例えば，$(p \supset q) \supset (r \supset (s \supset t))$ は，$p \supset q :\supset: r. \supset . s \supset t$ と書いた．

[12] 最初から n 番目までの自然数の切片 $[1, n]$ から自然数への写像．P では，0 を自然数に含めているが，列のインデックスは，1 から始めているので，$[0, n]$ でなく，$[1, n]$ と解釈するのが妥当である．

[13] 類の類：PM の自然数の定義が類の類になっている．

[14] 原著では，$\overline{n \in K}$ となっているが，n は q の間違いである．

[15] 1905 年に，J. リシャール(J.Richard)が提案した自然言語による数の定義についてのパラドックスである．日本語の文章で定義できる実数の集合を E とする．例えば，円周率 π は「円周と直径の比」と定義できるから E の要素である．日本語に使われる文字や記号(句読点も含む)の集合を L とすると，L は有限

集合である．有限だから，L の文字・記号には空白や句読点も含めて JIS 番号のように通し番号をつけることができる．つまり，文字の通し番号の順に，実数を定義する文章を辞書式に s_1, s_2, s_3, $\cdots$ と並べることができる．

文章 s_i が定義している数を u_i とする．そうすると，u_i は必ず E の要素となり，逆に，E の要素は必ず u_i と書ける．このとき，次のような数を定義する文章を考える：" 整数部が 0 であり，小数点以下第 i 桁は，u_i の小数点以下第 i 桁の数 p が 7 以下ならば $p+1$ であり，$p=8$ か 9 のときは 1 であるような実数."

この文章を G とし，G が定義する実数を N とすると，N は E の要素となる．したがって，$N=u_n$ となる n があるはずだ．一方，N の定義から，N の小数点以下第 n 桁目は，u_n の小数点以下第 n 桁目とは異なる．しかし，$N=u_n$ なのだから，これは矛盾している．

[16] "Lügner" = 嘘吐きのパラドックス："この文章は嘘である" という文章は，真であるとすると偽になり，偽であるとすると真となる．これをエピメニデス文という．これは，古代クレタ島のエピメニデスが，"クレタ人は嘘吐きだ" といったという逸話による．

[17] 訳注 [15] のリシャールの逆理が生じる原因は，循環的定義が使われているからである．G は，その文中で，E を参照している．よって，集合 E が完成しない限りは，文章 G の意味も確定しない．しかし，文章 G が定義する数が集合 E の要素のひとつとなるのだから，G の意味が確定しない限り E も完成しない．

ゲーデルは，自分の決定不能命題の定義が，このような循環論法に属するものでないことを注意しているのである．ゲー

デルの場合には，リシャールの s_i が $R(i)$ にあたる．この s_i の定義が循環論法的であったのだが，$R(i)$ には，さらには，q には，そういう循環論法的要素がない．したがって，それを使う $[R(q);q]$ の定義も循環論法ではない．これがゲーデルの論点である．

[18] J. Łukasiewicz und A. Tarski, Untersuchungen über den Aussagenkalkül, Comptes Rendus des séances de la Société des Sciences et des Lettres de Varsovie XXIII, 1930, Cl.III.

[19] その論理式の自由変数はすべて個体変数でなくてはいけない，という意味である．

[20] 原文は Relationszeichen. Hilbert & Ackermann, Grundzüge der theoretischen Logik 1928 では Prädikatzeichen という用語が使われた．

[21] 原文は Typenerhöhung.

[22] 型は数なので，それに同じ数を足すということである．例えば，変数 x_1, x_2 の型は，それぞれ 1, 2 であるから，それぞれの型に 2 を足すと x_3, x_4 という型 3, 4 の変数を得る．したがって，$x_3 \Pi(x_4(x_3))$ は $x_1 \Pi(x_2(x_1))$ の型持ち上げである．

[23] 「ただし」以後のゲーデルの文章は分かりにくいが，これは「論理式 a の中の v の自由出現を記号 c で置き換えるとき，c 中のどの変数も束縛されてはならない」という記号論理学では標準的な条件である．

[24] 訳注[8]の文献と同じもの．

[25] この「1 対 1 の対応」は，現代的用語と異なり onto までは意味していない．次の文では，"abbilden ... auf ..." を使っているが，これも現代的な "map onto" の意味ではない．

[26] Collectd Works I の英訳では，A natural number [out

of a certain subset] is thus assigned となっている．[...] の
部分は Heijenoort が英訳の際に追加したものである．

[27] 原著では n-tupel. タプルとは，複数の"もの"をひとまとまりとして考えたものをいう．n 個のものからなるとき n-タプルという．例えば，3 次元空間の座標は，三つの数からなる 3-タプルである．機能としては，有限列に似ているが，長さを固定して考える．"組"，"n 重対" などとも訳すが，これらの訳語は定着していない．

[28] この論文で再帰的と呼ばれた関数は，すぐに原始再帰的と呼ばれるようになる．そして，再帰的という言葉は，原始再帰的関数より一般的な関数に対して使われるようになった．

[29] 現代的な原始再帰的関数の定義を知っていれば，ゲーデルの，この定義に疑問を持つかもしれない．現代的な定義に含まれる射影関数 $U_i^n(x_1,\cdots,x_n)=x_i$ がないのである．U_i^n は原注 27) を利用して次のように定義される：

$$U_1^n(0,x_2,\cdots,x_n) = 0, \quad U_1^n(k+1,x_2,\cdots,x_n) = k+1,$$
$$U_{i+1}^n(x_1,\cdots,x_n) = U_1^1(x_{i+1})$$

しかし，これは判りにくく不自然でさえある．ゲーデルは，1934 年のプリンストン高級研究所における講義のノート "Undecidable propositions of formal mathematical systems"（Kurt Gödel, Collected Works, Vol.I, pp.346-371）では，原注 27) の条件を説明した上で，定数関数，直後関数の他にさらに，"恒等関数" $U_i^n(x_1,\cdots,x_n)=x_i$ も使ってよい，としている．

[30] 通常の数学で行うように関数を「写像」として理解すると，関数の次数を計算するアルゴリズムは存在しない．これは，原注 45a) のコメント「定理 V が直観主義的に反論できないものである」に反して，ゲーデルの証明は，そのままでは直観主義的には

許容できないことを意味している.

しかし，この問題は簡単に回避できる．ゲーデルの論文では，次数は定理 V, VII の証明においてのみ使われる．これらの定理は，再帰的関数の次数についての数学的帰納法で証明されるが，次数を使わずとも，ϕ を定義する関数列 $\phi_1, \phi_2, \cdots, \phi_n$ をひとつ固定し，インデックス i についての帰納法で証明すれば同じ結論を証明できる．

[31] Hilbert-Ackermann, Grundzüge der theoretischen Logik, Berlin, 1928.

[32] 評価(Abschätzung)：例えば，(x) の x の評価とは，その値がどの範囲に収まるかという限界(数学用語でいう上界)を与える不等式のこと．例えば，1 の x/y の定義の $(Ez)[z \leq x$ & $x=y \cdot z]$ で言えば，不等式 $z \leq x$ が (Ez) の変数 z の評価.

[33] 外延(Umfang, extension)は，内包と対にして使われる論理学上の概念である．例えば，「明けの明星と宵の明星は内包的には異なるが，外延的には同一(どちらも金星)である」というように使う．ここで言う外延とは，ある性質・関係などを満たす物の集合のことである，と考えればよい．x が y で割り切れることは，$(Ez)[x=y \cdot z]$ で定義できるが，z の値の範囲を評価すれば $z \leq x$ であることがわかる．この評価を追加した定義 $(Ez)[z \leq x$ & $x=y \cdot z]$ は，もとの定義と(数学的に)同値である．したがって，これらの外延は同じなのである．しかし，後の定義には，定理 IV を適用できるが，前の定義には適用できない．そのために，同じ外延をもつ後の定義を使うのである．

[34] 原著では"より小さい"となっているが，これは，"以下"の間違い．

[35] "n 番目の型持ち上げ"とは，型に n を加える型持ち上げを言う．

訳　注　69

[36] 原文では「公理」.
[37] 命題公理とは，公理図式 II, 1-4 のことである．
[38] y が普遍化であるときは，z は何でもよい．
[39] 数学的帰納法の古い呼び名．
[40]「決定的」の原語は entscheidungsdefinit である．R. Carnap に由来する公理系の「完全性」を表す用語だが，彼の定義には錯誤があった．Carnap と日頃親交があったゲーデルは，これを明確化しようとし，それが博士論文の完全性定理につながったとする説得力のある説がある．ゲーデルは，完全性定理の速報 (K. Gödel, Über die Vollständigkeit des Logikkalküls, *Die Naturwissenschaften* 18, 1930, p.1068) でも同じ用語を使っているが，そのときは，この用語を形式系の形式的完全性の意味に使った．Carnap のもとの定義では不完全性定理以後始めて明らかになる高階と第1階の差異が考慮されていないため，entscheidungsdefinit は範疇性 (categoricity) と同値な条件となる．この「錯誤」はヒルベルトにも見られるもので，これがヒルベルト計画の間違いの原因の一つとも言える．

通常，entscheidungsdefinit は，英語では "decidable"，日本語では「決定可能」と訳されるが，Carnap のもとの用法を反映するように「完全」と訳す場合もある．ここでは，ゲーデルが Carnap の用語の影響を受けていることに考慮し，また現代的な意味での "entscheidbar" の訳としての「決定可能」との混同を防ぐために「決定的」と訳すことにした．「決定的」ならば，不完全性定理論文のタイトルの意味での「決定不能性」との関連も表現できる．我々は「不完全性定理」というが，ゲーデルにとってはそれは「決定不能性定理」だったと思われるのである．

また，現在の英語の専門用語では，述語の性質としての

"entscheidungsdefinit" を，"numeralwise representable" という．本書ではこの英語を "数値別表現可能性" と訳している．

[41] ここでいう反例や証明は，形式系の中での反例や証明である．例えば以下の $\mathrm{Neg}\left(Sb\left(r\begin{array}{c}17\\Z(x)\end{array}\right)\right)$ が，どの x に対しても κ-証明可能でない，という事実を，ゲーデルは "反例を与えることができない" と呼んでいるのである．

[42] κ は，論理式のゲーデル数の類なので，数の類であることに注意して欲しい．

[43] この部分は説明が曖昧で判りにくい．しかし，κ が有限集合の場合には主張は自明であるから，その場合を省略して有限集合の型持ち上げである場合のみを論じた，と解釈すれば意味は通じる．つまり，この部分は，"κ が論理式の有限集合 α の型持ち上げとしてできる論理式の集合である場合，κ はこの論理等式（$A \sim B$ の形の論理式）を満たす．だから，κ は再帰的だ" と読めばよいのである．

Heijenoort の英訳では，この α を κ の誤植であるとしているが，これは Heijenoort の誤りである．論理等式の右辺は，x が α に属すものの型持ち上げであることを示しているし，一般には型持ち上げは無限個あるから，そういう x は無限個ある．したがって，κ が無限集合になる．しかし，ゲーデルは α の要素の最大数 a を考えているから，α は有限集合でなければならないので，Heijenoort のように，α を κ の誤植だとすることはできないのである．Collected Works では，Heijenoort の "訂正" を，ドイツ語の原文にまで及ぼしているが，もちろん，これも間違いである．

J.W. Dawson, Jr. 教授によると「このように訂正するがよ

いか」というHeijenoortからゲーデルへの問い合わせの手紙と、「その訂正で正しい。自分がまちがっていた」というゲーデルの返信が残されているそうである.

[44] D. Hilbert, Probleme der Grundlegung der Mathematik, *Math. Ann.* 102, 1929.

[45] 実際には書かれることがなかった続編のこと.

[46] D. Hilbert, Über das Unendliche, *Math. Ann.* 95, 1926.

[47] この接頭辞とは、全称限量子(全称記号)(x) のことである.

[48] 整数 a, b の差 $a-b$ が m の倍数であるとき、a, b は m を法として合同という。ただし、ゲーデルは数を自然数に限っていることに注意しよう.

[49] 狭義関数計算系、すなわち第1階述語計算系の論理式は、引数が複数ある関係記号を持つ。しかし、P は類と呼ばれる1引数の関係記号しかもたず、一般の関係記号は、p.22の対を類で"コード"する技法で表すことになっている.

このために、P における狭義関数計算系の論理式を定義するには、まず、複数の引数を持つ論理式を考え、それを P の論理式に変換するという方法をとる必要がある。そうやってできた論理式は、(対をコード化するために)高階の型を含むので高階の論理式なのだが、第1階の論理式から変換によってできたものであるために、機能上は第1階述語論理の論理式とみなすことができる.

[50] 狭義関数計算系(der engere Funktionenkalkül)は第1階述語計算(系)の古い呼び名である。この概念はヒルベルト-アッカーマンの Grundzüge der theoretischen Logik, 1928(第1版)で最初に定義された。後の版では、狭義述語計算系(der engere Prädikatenkalkül)という名前に変わった.

[51] Die Vollständigkeit der Axiome des logischen Funktionenkalküls, *Monatshefte für Mathematik und Physik* 37, 1930.

[52] ここでは，$F(x)$ のように，引数がひとつの述語を特性 (Eigenschaft) と呼んでいる．

[53] 関数 Ψ_i の引数やそれ自身が返す値が属す領域のことである．

[54] ゲーデルは "q が $Q(x,y)$ を表現する" と言っているが，これは "非形式的な関係 $Q(x,y)$ は P の中では q で形式化できる" という意味だと解釈できる．しかし，"形式化する" という関係は，非常に曖昧で困難な概念であることが知られている．

実は，ゲーデルが理由とする (9), (10) を満たすだけでは，q が Q を形式化(表現)しているとは言えない．つまり，(9), (10) が保証する数値別表現可能性だけでは，第2節，第4節で行った推論を P の中で再現できるとは限らないのである．実際，G. Kreisel が，(9), (10) は満たすが，それから作った $\overline{\text{Bew}}_\kappa(17 \text{ Gen } r)$ が P で証明できてしまうような q を作れることを指摘している．

論理式 $\text{Bew}_\kappa(17 \text{ Gen } r)$ も $\overline{\text{Bew}}_\kappa(17 \text{ Gen } r)$ も証明不可能であるというのが第1不完全性定理なのであるから，これは第1不完全性定理に反する．その理由は，Kreisel の q が $Q(x,y)$ の形式化とは言いがたいからなのである．

[55] 30年以上後に追加された注釈だが，チューリングの業績 "A.M. Turing, On computable numbers, with an application to the Entscheidungsproblem, *Proc. of London Math. Soc.* s2-42, 1937" へのゲーデルの評価が分かり貴重なので訳出した．原文では二つ注がついているが，これらは省略した．

第 II 部　解説

1　不完全性定理とは何か？

　ゲーデル[1]の不完全性定理は 19 世紀に始まった「数学の基礎付け運動」，いわゆる「数学基礎論」に，実質的な終止符を打った歴史的定理である．日本では，「数学基礎論」は「数理論理学」の意味で使われることが多いが，ここでは，その意味ではなく，本来のドイツ語・英語の意味で使っている．つまり，「数学基礎論」とは，19 世紀から 20 世紀前半に隆盛を極めた，数学を揺るぎない堅固な基礎の上におくことを目指す学問である．この数学基礎論という運動の中心的位置を占め，実質的に数学基礎論そのものとなった「ヒルベルト計画」の実行不可能性を示すことにより，ゲーデルの論文は，この基礎付け運動に実質的終止符を打ってしまったのである．

　ヒルベルト計画は，数学における合理性を究極の形で確立するという，極めて近代ヨーロッパ的な目的を担っていたた

---

[1] Kurt Gödel (1906-1978)：当時のオーストリー・ハンガリー帝国の一部，現在のチェコ共和国で生まれたオーストリアの数学者．帝国崩壊などに伴う数回の国籍変更を経て最終的にアメリカ市民となる．

め，ゲーデルの定理は結果として合理性に対する素朴な信頼に No を突きつける形になった．そのため，数学の定理でありながら，哲学，心理学，現代思想，情報科学などの研究者をひきつけ，様々な影響を与えている．この解説では，この不完全性定理論文の成立の歴史的経緯を説明し，その文脈において論文の内容を解説する．

解説は大きく分けて，導入部：第 1 章，歴史部：第 2-5 章，検証部：第 6-8 章，の三つに分かれる．導入部では簡単な導入の他に，多くの人が最も陥りやすいと思われる不完全性定理にまつわる「誤解」について書いておいた．これは，是非，最初に読んで欲しい．この解説の主要部分である第 2-5 章の歴史部は，ゲーデルの定理にいたる歴史的背景の解説である．検証部では，ゲーデルの論文以後の歴史に基づいた，ゲーデルの定理の数学論的意義付け（第 6 章），および，論文の内容の数学・論理学の見地からの技術的検討（第 7, 8 章）を行う．

導入部，歴史部および検証部の最初の章である第 6 章は，ゲーデルの論文の数学が高度すぎる読者にも，ゲーデルの定理の「意義」を判ってもらえることを目指して書いた．そのため，できるだけ数学の議論や数学記号を使わないように努力した．それでも，その数学的意味を少しでも理解するのには，集合の基本的用語や実数の定義などの知識は必要だろう．最後の第 7, 8 章は，一転して，ゲーデルの論文の技術的内容を理解したいと思う人のために書いた．この章の読

者は，数理論理学の初等的な知識は持っていると仮定した．そのため，この章では，かなり高度な数学的議論を行い，また，数学記号も躊躇せずに使った．

本解説はゲーデルが書いた不完全性定理論文の解説なのだが，その主要部分である第2-5章の歴史部には，ゲーデルも，ゲーデルの定理も，その歴史叙述の最後に僅かに現れるに過ぎない．この第2-5章の主な登場人物は，ヒルベルトを始めとするゲーデル以前の数学者・哲学者たちである．この「奇妙」な事態の原因は，不完全性定理論文が，数学基礎論の主要研究グループから見れば周辺的なウィーン大学出身の極めて若い青年数学者ゲーデルによって書かれ，また，その論文により数学基礎論自体に実質的終止符が打たれてしまったことにある．

ゲーデルは研究者としてスタートした2年目に不完全性定理論文を書いた．つまり，彼は数学基礎論に関与して直ぐに，それを実質的に終わらせてしまったのである．彼の前には一世紀以上にわたる数学基礎論の歴史が横たわっている．そのような事情で，彼の名前が不完全性定理にいたる数学基礎論の歴史の最後につけたりのように現れることになってしまうのである．そして，この歴史の真の主人公は，その数学思想「形式主義」を否定されることによりゲーデルの名を科学史上不動のものにした，大数学者ヒルベルト[2]なのである．

1.1 ゲーデルの定理と，その不安定性

本書で翻訳したゲーデルの論文は，1931 年にウィーンの科学専門誌 Monatshefte für Mathematik und Physik に掲載された．この論文には二つの主定理があり，現在ではそれぞれ第 1 不完全性定理，第 2 不完全性定理，と呼ばれている．それらが論文中の定理 VI と定理 XI である．

まず，この二つの定理を，厳密さを損なわずにしかし平易に述べてみると，次のようになる．[3]

1. 数学の形式系，つまり，形式系と呼ばれる論理学の人工言語で記述された「数学」は，その表現力が十分豊かならば，完全かつ無矛盾であることはない．（第 1 不完全性定理）
2. 数学の形式系の表現力が十分豊かならば，その形式系が無矛盾であるという事実は，（その事実が本当である限り）その形式系自身の中では証明できない．（第 2 不完全性定理）

次に，これら二つの不完全性定理のもつ意味を解釈してみると，上記の 1 と 2 はそれぞれ次のようになる．

1′. 数学は矛盾しているか不完全であるか，どちらかであ

---

[2] David Hilbert(1862-1943)：東プロシアの首都ケーニヒスベルク（現ロシア領）生まれのドイツの数学者．多くの分野で優れた研究を行い，歴史上最大の数学者の一人と称せられることもある．

[3] ゲーデルのオリジナルな第 1 不完全性定理は，普通の意味の矛盾性よりも強い条件の下で証明されているが，技術的になりすぎるのでここでは違いを無視する．

る.
 2′. 数学の正しさを「確実な方法」で保証することは不可能であり,それが正しいと信じるしかない.

　数学は絶対的に確かな知識のように思える.しかし,2′は,そう保証する術はないというのである.また,学校教育での経験からか,数学の問題には必ず解答があると思い込んでいる人も多い.しかし,1′の主張していることは,数学が内部矛盾していないならば,数学には解答のない問題がある,ということである.この命題を数学基礎論の歴史的文脈におくと,「数学の絶対的な基礎付けは不可能だ」と解釈できるため,ゲーデルの定理が,数学基礎論に一応の終止符を打つことになったのである.

　高校までの数学と雰囲気の違うこの不完全性定理に魅了される人は少なくない.この定理に出会い「ここに世界の秘密が隠されているのではないかと興奮し一晩で論文を読みきった」と述懐した正直な数学者もいた.解説書も数多く出版されており,人文科学・社会科学・自然科学などの様々な文献で引用されているのも納得がいくところだ.

　しかし,その解釈をめぐっては,実に様々な意見がある.例えば,不完全性定理は人類の知の限界を示すものだ,という見解が一般的だが,ゲーデル自身はそういう解釈を退けている.また,2の無矛盾性証明の不可能性についても,不可能と考えるのが大勢だが,可能だという意見も極めて少数ではあるが根強く残っている.ゲーデル自身はというと,論文

を書いたときには，まだ無矛盾性証明の可能性を捨てきっておらず，不可能性を性急に主張するフォン・ノイマンたちをたしなめたが，数年後に不可能だと判断するに至り，その後は終生その意見を貫いた．数学の定理なのに，人によって解釈が異なり，同じ人でも解釈が変わる．これはどういうことだろうか？

人文・社会科学の理論は人により解釈が大きく違い，その真偽を決める絶対的な方法などはない．これに対して，数学はそうではないというのは「常識」だろう．一方で，この「絶対的真理としての数学」という常識は，すでに近代・現代思想の懐疑論の前に葬り去られているという人もいる．しかし，たとえそうであっても，他の分野に比較すれば数学の解釈が安定しているということは，現実である．その中で，ゲーデルの定理の解釈の多様さ，不安定さは特筆に価する．それは何故か？　この解説の中心である不完全性定理成立史に入る前に，この不完全性定理の解釈の不安定さについて説明しておきたい．

1.2　数学的不完全性定理と数学論的不完全性定理

ゲーデルによって証明された二つの不完全性定理，すなわち論文の定理 VI と定理 XI，つまり，上の 1 と 2 は，厳密な数学の定理であり，数学的不完全性定理と呼ぶことができる．「形式系」という言葉を使っているからである．これに対して，その「意味」である $1'$ と $2'$ は，「解釈された

不完全性定理」であり，数学の定理ではない．1と2の「数学の形式系」が1′と2′では「数学」に置き換えられているところに注意して欲しい．「数学の形式系」でなく「数学自体」について語っているのである．「数学の形式系」でなく，「数学自体」が完全であるか，と問うには，まず，数学とは何かを問わなくてはならない．それは数学についての議論，すなわち，数学論となる．したがって1′と2′は**数学論的不完全性定理**と呼ぶべきものである．つまり，不完全性定理には，少なくとも「数学的不完全性定理」と「数学論的不完全性定理」の2種類がある．そして，この2種類が同じものだと言うためには，「数学＝数学の形式系」という条件が必要となる．不完全性定理が，様々な解釈を許し，さらには，数々の誤解を巻き起こす主な原因は，この数学と数学論の二重構造なのである．（もう一つ，「有限の立場」というものについての見解の相違も不安定性の大きな要因となっているが，これは後の5.11で説明する．）

不完全性定理の標準的解釈では「数学＝数学の形式系」という条件を仮定する．最初に説明した1′, 2′という解釈でもそうである．この等式を，この解説では「ヒルベルトのテーゼ」と呼ぶことにする．テーゼ(thesis)は，定立と訳されるが，主張のことだと思えばよい．つまり，これは数学に対する意見の主張であり，一種の数学観なのである．数学的不完全性定理から数学論的不完全性定理を導くには，ヒルベルトのテーゼのような，数学や数学の形式系についての何ら

かの数学観を持つことが必要となる．しかし，このテーゼのような数学観は，経験に基づいてその正しさを論じることはできるが，それを数学的に実証することはできない．また，科学的に実証するというのも難しい．自然科学的に実証することはまず無理で，社会学程度の蓋然性しかない．そのために，多くの対立する意見が可能となるのである．そして，それらの対立する多くの意見の検証は，人文・社会科学的な議論によってのみ可能なのである．

多くの入門書は，ヒルベルトのテーゼを暗黙裡に仮定し，数学的不完全性定理を人間の知の限界を示す定理と結論づける．しかしゲーデルは，人間の知には標準的解説で喧伝されるような意味での限界はないという立場をとり，数学的不完全性定理はヒルベルトのテーゼが単純な意味では成り立たないことを示す根拠だと理解していた．ゲーデルはプラトニズム的数学論を展開したことで知られていた．彼の数学観を要約すると「数学的存在は，人間とは独立に存在し，人間にはそれを知る能力があり，そのイデア的数学の世界は完全である」というものだった．当然，ゲーデルは数学が不完全という結論を受け入れず，背理法により「数学＝数学の形式系」というヒルベルトのテーゼを否定する方を選択したのである．

ゲーデルの死後に公表された彼の哲学論文「哲学の見地から見た数学の基礎の近代的発展」（文献[5] III, pp.364-387）によれば，この姿勢は，彼の，数学・科学・ヨーロッパの近

代化に対する見方と密接に関連していたことが判る．この
ゲーデルの例が示すように，ヒルベルトのテーゼへの態度を
如何にとるかということは，数学，ひいては，科学や合理性
に対峙する自らの立場を如何にとるか，ということと非常に
関係が深い．そういう立場を鮮明にしない限り，数学的不完
全性定理から，明瞭な数学論的不完全性定理を導くことはで
きない．[4]

　そういう立場には多くのヴァリエーションがあるから，数
学論的不完全性定理にも多くの結論がある．それゆえに，数
学としてのゲーデルの定理には，なんら曖昧なところがな
い一方で，それから引き出される数学論が様々であることは
自然なことなのである．ところが多くの人は，ヒルベルトの
テーゼのような「形式系への立場表明」を欠いたままで数学
論的不完全性定理を論じる．そのことから誤解や混乱が起き
るのである．

　この仕組みを理解しておけば，混乱や誤解の多くは解消で
きるし，数学論としてのゲーデルの定理の理解は遥かに容易
になる．そうすれば，数学論的部分に幻惑されることが減る
分だけ，数学的不完全性定理の理解も容易になる．ただし，
この仕組みの理解が数学以外の攪乱要素を排除するために役

---

[4] ましてや，ゲーデルの定理から何らかの思想や人文・社会学的理論
の妥当性を「証明」することはできない．ゲーデルの定理をヒント
にすることは可能だが，その主張の妥当性は考察の対象に即して議
論しなくてはならない．

立つだけで，それを理解することにより数学的内容が理解できるわけではない．この点を誤解してはいけない．

ゲーデルの定理を深く理解しようとするのならば，まず，数学論とは一切切り離された数学的不完全性定理を理解し，その上で，自分の数学観に基づいて自分の数学論的不完全性定理を持つしかない．しかし，数学の解釈のバラつきは非常に少ないので，ゲーデルの証明の数学技術的な理解を自分自身では行わずに，それが正しいことだけを信じ，数学論的不完全性定理を論ずることは可能である．ゲーデルの定理を理解するために，こういうアプローチをとることに原理的問題はない．ただし，これができるのは非常に優れた判断力とバランス感覚の持ち主だけである．

1.3 ヒルベルトのテーゼと計画

繰り返すが，ゲーデルが証明した 1, 2 のような数学の定理から，先に説明した $1'$, $2'$ のような哲学的な結論を導くためには，数学的議論だけでは不充分で，次のテーゼが必要である．

> ヒルベルトのテーゼ：現実の「数学の理論」は，数理論理学の概念である形式系により，忠実に再現されるので，数学の理論について語るには，形式系について語れば充分である．つまり，「形式系」という言葉で「数学の理論」という言葉を置き換えてもよい．

現代的な意味での形式系を最初に定義し上記の命題を明瞭な形で主張したヒルベルトにちなんで，筆者たちはこの命題をヒルベルトのテーゼと呼んでいる．

　形式系は人工物としての数学であり，形式系では命題や証明という概念に「機械的定義」が与えられ，定義されたものが形式的命題，形式的証明と呼ばれるようになる．そして，それらを使えば不完全性や無矛盾性などの概念が「意味抜き」で数学的に定義できるのである．ここで「機械的」と言ったのは，形式的証明の場合で言えば，証明の正しさの判断に人間が必要なく，コンピュータでできることである．これは「意味抜き」と言ったのと同じことである．つまり，人間がするように，内容を理解することによって証明の正しさを判断する必要はなく，コンピュータのような機械が計算だけで判断できることを言う．

　「機械仕掛けの数学」を数学と同一視するヒルベルトのテーゼの背景には，壮大な歴史的経緯がある．冒頭で触れた「数学の基礎付け運動」である．ゲーデルは，この運動の経緯を論文冒頭の三つのパラグラフで簡潔に触れている．そして，第4パラグラフで，支配的な期待に反し不完全性定理が成立する，と述べるのである．

　この解説の大部分は，ゲーデルの論文の最初の3パラグラフの説明に費やす．この歴史的経緯なくしては，ヒルベルトのテーゼの意義が理解できず，ゲーデルの論文の真の意味も理解できないからである．数学論としての不完全性定理

は，人文・社会科学の理論同様に，歴史的文脈から切り離すと，その意味が半減するのである．

次章以降で，この歴史的文脈を時間を追って解説していく．しかし，その歴史の最終局面で登場した「ヒルベルト計画」についてだけは，先回りしてここで少し説明しておこう．これが不完全性定理登場の直接の契機となり，ヒルベルトのテーゼは，その中で生まれた．長い歴史的経緯の解説の後でこれを説明したのでは，厳密化の歴史とゲーデルとのつながりが判り難いので，その両者をつなぐヒルベルト計画だけは先に手短に説明しておくのである．

19 世紀末から 20 世紀初頭にかけて世界の数学界をリードし，20 世紀数学方法論の方向を決定づけたのが，ドイツの数学者ヒルベルトであった．そのヒルベルトが提唱し実行したヒルベルト計画とは，次の 3 段階を実施する研究プロジェクトであった．

第 1 段階：ヒルベルトのテーゼの基礎付け　現実の数学を形式系というコピーに写し取る．以後，数学の実体は忘れ，このコピーを数学本体とみなす．

第 2 段階：無矛盾性の証明　形式系の無矛盾性，つまり，どの命題もそれ自身とその否定が同時にその体系内で証明されることがない，ということを示す．これにより，自己矛盾することがないという意味で，数学の絶対的安全性が保証される．

第 3 段階：完全性の証明　形式系の完全性，つまり，「ど

の命題についてもそれ自身かその否定のどちらかがその形式系で証明できる」ということを示す.これにより,数学の問題は常に解決できることが判り,その意味で数学が完全無欠であることが示される.[5]

以上の計画が成功すれば,数学が「安全」であり,また「完全」であることが確立されるはずであった.

哲学者バートランド・ラッセル[6]や,数学者ノーバート・ウィーナー[7]のように,この計画に醒めた視線を向ける人は少なくなかったようであり,数学者ブラウワーのように,プロジェクト自体が誤謬だと激烈に論駁する人さえいた.他方,支援者も多く,ヒルベルトとその協力者たちは楽観的だった.実際,第2段階の無矛盾性の証明について言えば,ゲーデルの発見の直前まで,自然数論という基本的ケースでは,すでに達成され,次は実数論だという誤解が広まりつつあったのである.しかし,第2不完全性定理によれば,どちらの無矛盾性の証明も不可能なのである.実は若きゲーデルはヒルベルトの誤解を信じ,ヒルベルト計画を推進すべく第2段階を実数論の形式系の場合に実行しようとしてい

---

[5] ただし,少なくとも晩年期のヒルベルトは,すべての数学の分野で完全性が成り立つとは考えなかったようだ.5.14 参照.

[6] Bertrand Arthur William Russell(1872-1970):英国の思想家・論理学者・批評家.多くの哲学・思想の著作で名高く,その功績によりノーベル文学賞を受賞している.

[7] Norbert Wiener(1894-1964):アメリカの数学者.サイバネティクスの創始者として知られる.

たのである．そして，その努力ゆえに，図らずもゲーデルは第2，第3段階が実行不可能であることを発見し，「数学の基礎付け」という極めて近代ヨーロッパ的なムーブメントに終止符を打ってしまったのである．

2 厳密化,数の発生学,無限集合論
1821-1897

2.1 数学の厳密化

ゲーデルが論文の冒頭に書いた「数学の厳密化」は,19世紀においては「算術化」とも呼ばれた.算術化には,「無限算術化」と「有限算術化」の相反する二方法があり,そのせめぎ合いがゲーデルの定理を生んだと言ってもよい.しかし基本的には,二つの算術化は,共に数学的知の代数計算化,すなわち,数学的知を「意味不要」の規則的操作に還元するという意味で「機械化」であったと言える.

「数学の厳密化」は,ナポレオン時代直後の 1821 年,パリの技術者養成校エコール・ポリテクニーク(理工科学校)で書かれた教科書の一つである,コーシー[8]の「解析学教程」で始まった.[9] 当時の微分積分学は無限小の概念を用い,それゆえに無限小解析学とも呼ばれた.ニュートンやライプニ

---

[8] Augustin Louis Cauchy(1789-1857):関数論など多くの分野で重要な業績をあげたフランスの数学者.

[9] コーシーの厳密化以前にも,それよりむしろ完成度が高い Bolzano などの厳密化があったことは良く知られている.しかし,それらはゲーデルにいたる数学の流れには,ほとんど影響力を持たなかった.この解説では歴史の「本流」以外にページを割く余裕がない.そのためにこういう話題にはあまり触れていない.ラッセルに比べフレーゲの扱いが小さいのも,選択公理や連続体仮説の扱いが小さいのも,そのためである.

ッツの時代の数学者にとって，解析学とは無限級数の「代数計算」によって幾何学的問題を解く方法であった．それはすばらしい発見的計算技術であったが，計算が正しい結果を導くかどうか厳密には問われていなかった．解析学は論理的にその正しさが保証されていたのではなく，物理学，天文学，数学その他の分野における応用が正しい結果を導く，という経験的事実によって支えられていた．それゆえに，解析学の基礎は曖昧だったのである．

コーシーの解析学は，この曖昧性を打開するための試みであった．軍事技術者養成を目的とするエコール・ポリテクニークでは，解析学の教育方法が大きな問題となり，様々な教授法が研究された．コーシーの方法は，その一つであり，学生には大変不評であったが，結局これが解析学の厳密化の標準となった．

厳密化のために，コーシーは無限小を変量と考えた．すなわち，ある変量の極限が 0 であるとき，その変量を無限小と呼ぶことにしたのである（それ以前は無限小を一つの数として扱う方法が支配的だった）．コーシーは極限を厳密に扱う試みも始めた．コーシーは極限を次の様に定義したのである：「ある変量が特定の定数に限りなく近づくとき，つまり，その変量と定数の差をいくらでも小さくできるとき，その定数が与えられた変量の極限である」．この定義には，時間のような物理的な直観は全く使われていない．これが真の意味での解析学の厳密性へとつながることになる．

コーシーの目指したものは，解析学における「自律的判断基準」と言うことができる．解析学の命題の正しさを判断するために，物理的・幾何学的直観や，応用での有用性，あるいは，数学者間の批判や議論が必要であるならば，ひとりの解析学者は自分の主張の正しさを自律的に判断しているとは言えない．解析学が自律的判断基準を持つとは，定理や証明を考え出した解析学者が，自分ひとりだけで，解析学の知識のみに頼って，自分の定理や証明の正しさをチェックできるという意味である．

　コーシーの解析学は，ほぼ自律的だった．しかし完全に自律的であったわけではない．彼は「連続関数は（例外点を除き）微分可能である」という「事実」を使って定理を証明している．しかし，この「事実」は実は成立しない．まだ，完全に自律的な誤謬チェックは不可能だったのである．問題は，極限の定義だった．「変量と定数の差をいくらでも小さくできる」という定義には曖昧性が残っている．

　この極限の定義が厳密化され，解析学の証明の正しさを，本当の意味で自律的に判断できるようになったのは，ベルリン大学のワイエルシュトラス[10]が，解析学の講義で，現在 ϵ-δ 論法と呼ばれている方法を導入したときからである．[11]
ワイエルシュトラスはその方法を使って，連続であるが，ど

---

[10] Karl Theodor Wilhelm Weierstrass (1815-1897)：ドイツの数学者．厳密性にその名を残すとともに解析学を中心に数多くの優れた業績を残す．

の一点でも微分可能でない関数の存在を示して，コーシー（とその同時代人）の誤謬に終止符を打っている．

ワイエルシュトラスの「自律的判断基準」とは，極限の「論理的定義」であった．彼は「変量 x が限りなく定数 a に近づくとき，関数値 $f(x)$ と定数 b の差をいくらでも小さくできる」というコーシーの極限の概念を，次のように厳密に定義し，その上に解析学を建設したのである．

> 任意の正の実数 ϵ に対して，次の条件 (A) を満たす正の実数 δ が存在する：
>
> (A) どんな実数 x についても，$0 < |x - a| < \delta$ が成り立つならば，$|f(x) - b| < \epsilon$ となる．

この定義は判りにくいことで有名である．しかし，判りにくい定義ならば，直観が入る要素が少なく，杓子定規に定義の言葉どおりに考えざるをえない．それゆえに正しさのチェックが機械的になり，したがって誤りを自律的に排除できることになる．判りにくさが自律性と厳密性に結びつくのである．この厳密性はワイエルシュトラスの**厳密性**と呼ばれ，数学における厳密性の規範となった．そして，これが後のヒルベルトのテーゼへとつながるのである．

この「ワイエルシュトラスの厳密性」は，技術的には「実数」と「論理」という二つの概念の上に立っていた．ワイエルシュトラスの極限の定義は，実数と，「任意」「満たす」

---

[11] ワイエルシュトラスの講義では，ϵ-η 論法だった．また，コーシーも ϵ-δ 論法を使っていたが，その使い方は補助的だった．

「存在する」「成り立つ」「ならば」などの論理的な言葉を基本にしている. これらのうち, 論理は数学全般で必要である. それ以外では, ワイエルシュトラスの解析学は実数の性質を基本にして建設されたのである. 整数や実数, 複素数などの数とその計算の体系を「算術」(独：Arithmetik, 英：arithmetic) と呼ぶ. そのために, ワイエルシュトラスの厳密解析学を解析学の算術化とも言う.

2.2 実数の発生学

コーシー–ワイエルシュトラスの解析学の算術化により, 解析学における極限概念は実数算術に還元された. 極限の概念を正確にすることによって, 一般の連続関数についての性質が証明できるようになった. しかしその証明における議論では, いくつかの実数の性質を前提にする必要があった. そのなかで一番重要なものは「実数の連続性」, すなわち実数は数直線上にびっしり隙間なくつまっているという性質だった. ワイエルシュトラスは, 実数算術を有理数の算術をもとに厳密に定義し, 実数の連続性をも証明した. ワイエルシュトラスは, ある種の有理数の集合を実数とみなすことによって, **実数の定義**を与えたのである.[12]

この定義方法を本解説においては, **実数の発生学**と呼ぼう. ワイエルシュトラスの実数の定義では, 一つ一つの実数

---

[12] ワイエルシュトラスの実数は級数で定義されたと言われるが, 正確には級数の項の集合で定義されている.

が集合という(数学的)対象として「生み出される」ので，発生学というのである．ドイツのデーデキント[13]も同じように有理数の集合を使って実数を定義した．1850年代の終わり頃のことだが，二人とも論文や本の形式では発表していない．後に，カントール[14]とH.E. Heine, H.C.R. Méray らは有理数の列によって実数の定義をし，デーデキントも，それに促されて自分の理論を公表している．1872年頃のことである．

2.3 カントールの集合論

コーシーからゲーデルへの次の段階は，実数発生学の立役者の一人であるカントールにより開かれた．カントールは，フーリエ級数を研究し，1870年に「フーリエ展開の一意性定理」という有名な未解決問題の解答を与え，その後，「例外点」を認めることにより，この定理の拡張を試みていた．その研究の中から，集合論という無限についての数学が生まれたのである．

集合とは物の集りのことである．集合を作っている個々の

---

[13] Julius Wilhelm Richard Dedekind(1831-1916)：ドイツの数学者．実数の定義「切断」で知られるが，最も重要な業績は抽象代数学の先駆となったイデアル論である．

[14] Georg Ferdinand Ludwig Philipp Cantor(1845-1918)：ドイツの数学者．宗教は父と同じプロテスタント．母はカソリック．ユダヤ人とされることが多いのは，ナチ政権下で集合論が「ユダヤ的数学」に分類されたためではないかと言われている．

物は要素と呼ばれる．すべての集合にはその要素の「個数」という特性がある．カントールは，集合の要素の個数の考え方を無限集合にまで拡張すると，新しい数学が開拓できることを発見し，無限集合の新しい数学理論を建設した．それがカントール集合論である．

カントール集合論の有名な定理に，実数全部の「個数」が自然数全部の「個数」よりも大きい，という定理がある．自然数の集合は実数の集合の部分であるから，実数が自然数より沢山あることを示すには，実数が自然数と同数でないことを示せばよい．では，同数とは何か？ 有限個の要素しかもたない二つの集合ならば，同数かどうかは数えてみればすぐに判る．しかし，実数も自然数も無限にあるので，個数を数えるというわけにはいかない．そこでカントールは「数える」という動的行為を,「1対1対応が存在する」という静的条件に置き換えた．

集合 A と集合 B の間の1対1対応とは，A から B への関数(写像)で，その関数によって B の各要素に A の要素がちょうど一つだけ写像されるものをいう．

有限集合の場合には，1対1の対応が個数を数えることの代用となる．あるいは，それが個数を数えることの本質であるともいえる．そして，無限集合を数えることは無理でも，無限集合の間の1対1対応は考えることができる．そこでカントールは，1対1対応の概念を使って無限の個数を定義し，実数の集合と自然数の集合は同数でないという定理を背

理法によって証明したのである．

カントールは集合の要素の「個数」を濃度と呼んだ．1対1に対応づけられる二つの集合は同じ濃度を持つと考える．そうすると彼の定理は，「実数の濃度(個数)は自然数の濃度(個数)より真に大きい」と解釈できる．このような考え方によって，無限についての数学が可能となった．

このカントールの理論以前にも集合は使われていた．カントール集合論に関する最初の論文は，実数と自然数の間に1対1対応がないことが示された1874年のカントールの論文であると言われるが，例えば，1871年には，デーデキントがイデアルという代数学の対象を無限集合を使って定義していた．[15] またこれ以外にも，無限集合が数学の文献に現れることはあったのである．しかし集合を，応用のためでなくそれ自身のために深く研究したのは，カントールが最初だったため，集合の考え方をカントールが創始したかのように言われている．

先に述べたように，カントール集合論の出発点は「フーリエ展開の一意性定理」だった．カントールは，1871年に，この定理の仮定が成り立たない例外点があっても，例外点の個数が有限なら定理は正しいことを証明した．その後，例外点が無限にある場合でも例外点の集合に適当な条件を加えることにより，定理が正しいことを示すという研究を行った．

---

[15] デーデキントは集合(Menge)と言わず，システム(System)と呼んだ．

それが無限集合について考える機会となり，彼の集合論につながったと考えられる．実は，彼の1872年の実数論は，その研究において実数の性質を精密に議論する必要があったために，考え出されたものだった．

　これらの研究を通して，カントールはやがて1対1対応による濃度の考え自体を，その研究の中心に置くようになり，多くの思いがけない事実を発見していった．とくにカントールが集合論にのめりこむ重要な契機となったと言われるのが，平面上の点と直線上の点が同濃度である，すなわち，両方の点どうしが1対1対応する，という定理である．カントールはこの定理の発見後，無限集合論の建設に邁進して行った．そのカントール無限集合論の本質は超限数論である．超限数とは，自然数の無限への延長である．自然数は1個，2個，と個数をかぞえる役目と，一番目，二番目，と，順序を表す役目，という二重の役目をもっている．同じ自然数を，前者の役目の場合には基数，後者の役目の場合には順序数，と呼ぶ．基数は，前に説明した濃度と同じものである．

　自然数の場合は，基数，順序数と，呼び名が異なっても数としては同じものである．この基数と順序数の概念を無限に延長したものが，カントールの超限基数と超限順序数であり，超限数においては，基数と順序数は異なる振る舞いをする．カントールは，この超限基数と超限順序数の性質を次々と暴き出し，新数学「超限数論」を展開していったので

ある.しかしそれは,当時ベルリンを拠点に,ドイツ数学界に君臨していた数学者クロネカーの批判を受けることになった.

2.4 無限への批判

19世紀には多くの新しい「数」や「空間」が発見された.カントールの超限数は,その一例である.しかし,こういう新概念が市民権を得るには時間がかかった.

現在の学校教育では,零や負の数は,「当然の存在」のように教えられる.また,アインシュタイン後の現代では4次元空間の存在さえ「常識」であり,これらの数学的「存在」を納得できない人は頭が悪いとされてしまう.しかし,「数学概念の存在」という問題が,「数学の厳密化運動」を継承したフランスの数学者集団ブルバキの「数学の近代化運動」により棚上げにされ解消されたのは,実は第二次世界大戦後のことに過ぎない.当然,19世紀の数学者たちにとって,この問題は「自明」ではなかったのである.

例えば,集合論の講義には必ずでてくる「ド・モルガンの法則」で知られるイギリスのド・モルガン[16]は,1871年,明治4年に65歳で没しており,数学の厳密化・近代化に大きな功績のあった人である.しかし,彼は負の数の存在を信じなかった.ド・モルガンが例外的に頑迷であったのでは

---

[16] Augustus De Morgan (1806-1871):イギリスの数学者.数理論理学の先駆的研究で知られる.

ない.「数学では,何を存在として許容できるのか」という問題への 19 世紀数学者の見解は,大きく割れていたのである.

ド・モルガンとほとんど時間を隔てないカントールの時代に,数でも空間でもない集合という概念が,すんなり数学界に受けいれられるわけはなかった.カントールの集合概念は,誕生当初は賞賛よりも,むしろ批判を浴びたのである.集合論の批判者は多かったが,その中でも,最もカントールを苦しめたのがクロネカー[17]である.

1994 年に,A.J. Wiles がフェルマーの定理を 360 年ぶりに証明して評判となったが,この Wiles の証明に代表される代数的整数論は,古くから数学の「王道」の一つである.先に触れたデーデキントのイデアル論は,代数的整数論のために開発されたものであり,クロネカーの師であったベルリン大学教授クンマー[18]の理想数理論が,それにより「合理化」された.集合概念の数学への本格的応用としては,これが最も早いものと言ってよいだろう.このイデアルの方法は,後にヒルベルトに継承された.1897 年のヒルベルトの「数論報告」により,クンマーの 19 世紀的数論が徹底的

---

[17] Leopold Kronecker (1823-1891):ドイツの数学者.代数的整数論で重要な業績をあげたが,むしろ集合論の批判者として記憶されている.

[18] Ernst Eduard Kummer (1810-1893):ドイツの数学者.その理想数理論は数学の歴史に大きな影響を与えた.最初ギムナジウムの教師をしており,クロネカーはそのときからの学生である.

にイデアル論で書き換えられ,それによって20世紀的代数的整数論の基礎が与えられた.そして,それがWilesの証明に繋がったのである.

しかし進歩というものは,一本道ではない.実はクロネカーは,師クンマーの思想を受け継ぎ,デーデキントのイデアル論のライバルになりえる代数的理論である「モズル理論」(Modulsystemの理論)を構築していた.しかしそれは現代では,ほぼ忘れ去られている.デーデキントのイデアル論が無限集合を使うのに反し,モズル理論では有限の代数式とアルゴリズムを使う.クロネカーは,数学的な性質には,必ずそれが成り立つかどうかを判定する計算方法,現代的に言えばアルゴリズム,があることを要求し,その思想の下にデーデキントの理論を批判した.デーデキントの理論では,数学的性質や対象を表現するために無限を躊躇なく使うため,イデアルのような対象が数学的性質を満たすかどうかを判定する有限的な方法(アルゴリズム)が,存在しえなかった.アルゴリズムにより実行可能であることを**構成的**(**constructive**)というが,クロネカーの理論は構成的であり,デーデキントの理論は非構成的だったのである.

しかし,構成的という特性を除けば,クンマー–クロネカーの理論はデーデキントの理論と兄弟のような関係にある.歴史性を無視した現代的視点から見れば,クンマーやクロネカーは,デーデキントが使った無限集合を,「有限化可能かどうか」という条件により,選択的・制限的に使ったと

みなせる．つまり，彼らは，「一般の無限集合」という数学的存在は認めなかったものの，無限集合がアルゴリズムなどの「有限的表現」を持つときには，その「集合自身」の代わりに，その「表現」を数学的対象として認めた，とみなせるのである．[19]

　この「有限主義的態度」は，19世紀の代数学者の間では当たり前のことだったようだが，クロネカーの場合は特に徹底していた．その主な原因は，クロネカーがカントールに宛てた私信によれば，無限を対象とする数学が持つ「哲学的傾向」への強い疑念にあったようだ．クロネカーは若いころクンマーの指導の下で哲学の研究を行ったが，その結果として哲学は数学の助けにはならないと考えるにいたり，その後は数学から哲学的要素を排除するようになったのだという．[20] 例えば，フランスの数学者 J.-L. Lagrange の数学基礎論は一世を風靡したが，その思想は彼の死後には忘れ去られてしまい，リゾルベントという彼の数式だけが残ったと，クロネカーは書いている．また，ユダヤ人であるクロネカーは大学を出ると一族の家業である金融業に就き，若くして富を築いた後にベルリンの知識界に戻った人である．彼は数学の基礎についての論文で「数学は自然科学の前提条件で

---

[19] この説明は，デーデキントの理論が有限性無視によるクンマー理論の合理化であったことを考えれば，史実とは逆転している．クンマーやクロネカーが，本当にこのように考えたのではない．

[20] 最初，クンマーは神学者を目指し哲学も学んだ．クンマー全集には数学と哲学を教える内容の，クロネカーへの手紙が残されている．

あるのみならず，現代を特徴づける通商と通信の大膨張の前提条件である」と書いている．あるいは金融家としてのクロネカーの経験も，彼の計算重視に影響を与えたのかもしれない．

19 世紀には，超限数の他に，非ユークリッド空間，n 次元空間，ブール代数という，新しい空間や数が生み出されたが，それらはすべて哲学的・数学論的批判を浴びている．しかし，クロネカーのモデル理論ならば，当時の数学の王道である有限的数式の操作しか行わないので，その心配はない．無限要素を持つ集合という概念を数学に持ち込むことは，クロネカーには，数学をあやふやな哲学のようなものにする危険な行為と見えたのだろう．実際，現代も生き残る集合のような抽象概念の他に，歴史の彼方に消えていった怪しげな「数学概念」や「数学思想」も珍しくなかったのである．

無限集合は不思議な性質を持つ．カントールの集合論の定理の一つに「任意の無限集合は，それをもとの全体と同じ個数を持つ，二つの部分に分割できる」という定理がある．つまり，無限集合は分割しても「個数」が減らない．この奇妙な現象はガリレオがすでに指摘している．この様な奇妙な現象や，無限にまつわる宗教的理由により，無限集合を数学の対象から排除するという伝統がヨーロッパには長くあった．カントールは，このタブーを打ち破るために，哲学的議論を行った．哲学的議論と数学的議論が混在する論文を書いたことさえある．クンマーの指導の下で，式計算・アルゴリズム

重視の当時の代数の伝統を身につけ，同時に哲学も真剣に学び，また金融家として現実的数学にも携わったことのあるクロネカーにとって，この過剰な哲学の数学への侵犯は蔑むべきものだったのだろう．

ベルリン大学教授であり，当時の世界最高レベルの数学専門誌を牛耳っていたクロネカーの影響力は，工業学校の教師デーデキントや，ハレ大学の若い数学教師カントールに比べれば格段に大きかった．カントールの集合論の論文は，それが無限論的色彩を強めるに伴って，クロネカーの雑誌をはじめとして，多くの雑誌から掲載を拒否されるようになる．クロネカーの出版妨害があったという説もあるが，それはでっち上げであり，単に時代精神がカントールを十分に受け入れなかっただけだという説もある．

カントールは「悲劇のヒーロー」として描かれ勝ちだが，それは必ずしも正しい姿とは言えない．カントールは，40代半ばにはドイツ数学者協会の設立に奔走し，その初代会長に選出されている．この頃には集合論はヒルベルトたち若い世代の数学者から熱い支持を受けるようになっていたのである．しかしそのときでさえ，カントールの無限数学に対する年長世代からの強い反感が存在していたのも確かである．カントールが十分評価されていなかった時代に，少年の頃から精神的に不安定だったカントールにそういう圧力が重くのしかかり，それがカントールが精神病を患う原因になったという説は，決して不自然とは言えないだろう．

2.5　二つの算術化

クロネッカーとカントールたちの対立は，現代からみれば不幸なことである．現代の目からみれば，モズル理論とイデアル理論が「兄弟」であるように，この両者は，共に「数学の算術化」を目指す兄弟だったからである．ただし，モズル理論を用いるクロネッカーの算術化は，「狭い意味での算術化」であった．算術化には，集合論的な「無限算術」を許すワイエルシュトラスたちの**無限算術化**と，伝統的数式による「有限算術」のみを許すクロネッカーの**有限算術化**の二つがあったのである．

例えば，哲学者ラッセルの無限算術化の方法では，無理数 $\sqrt{5}$ は，「$0 < x^2 \leq 5$ か $x \leq 0$ を満たす有理数 x の全体からなる集合」として定義される．このような有理数 x は無限にあるから，無理数 $\sqrt{5}$ は無限集合であり，実数の集合は有理数の無限集合の集合となる．

一方，クロネッカーの有限算術化では，次のように「変数」x を無理数 $\sqrt{5}$ とみなす．[21] つまり，変数 x を持つ有理係数の代数式全体を考え，$x^2 = 5$ という等式を「公理」と考える．そのことにより，変数 x を持つ代数式の集合全体を，有理数全体に $\sqrt{5}$ を追加してできた，新たな数のシステムとみなすのである．

ただし，$x^2 = 5$ を公理と考えるとは，この式を利用して行

---

[21] x には代入をしてはいけないので，正確には，変数ではなく，不定元(indeterminee)という．

った代数計算で等しいと示せるものは同じ数を表すと考えることである.例えば,$x^3+1 = (x^2)x+1 = 5x+1$ のように計算を行えるので,x^3+1 と $5x+1$ は,同じ数を表すと考える.この新しい数システムの計算は,すべて有限的操作,つまり,アルゴリズムによって実行可能であり,また,「新しい数」x が追加されたことで有理数についての計算が変更されることはない.こういうときに,クロネカーは,新しい数が定義できたとみなしたのである.この理論の基礎となるのが,クロネカーのモヅル理論あるいは「一般算術」の理論であった.

ヒルベルトたちのプロパガンダもあって,クロネカーは「悪役」のイメージが強く,クロネカーの算術化の構想も長い間「無視」され続けていた.しかし,現在ではそれは,整数論と代数幾何学の融合のために生れた後のスキーム理論[22]のようなものの建設構想だったのであり,集合と論理の代わりに代数式と計算を用いる数学の基礎付けの試みであったことが,理解されるようになっている.

クロネカーは,「無理数」と「連続量」の概念を,彼の「有限算術化」によって取り除かれるべきあやふやな概念であると主張した.しかし,これらこそが,コーシーに始まるワイエルシュトラスたちの「算術化」の基礎だったのである.ワイエルシュトラスたちはさらに,それらを無限集合に

---

[22] この理論も直接的ではないもののクロネカーの影響を受けて建設されたと考えられる.

置き換えた．その無限集合の概念は，プラトンのイデアやカントの物自体のように，我々が直接目にできない哲学的議論を必要とする，極めて抽象的な「存在」であった．そのためにクロネカーは，この無限集合という概念を，Lagrange の数学論のように，思想の変化とともに消えてなくなる運命にある非合理的・非科学的なものと考えたようである．

　しかし，現実の歴史は大きく違った．クロネカーの思想は，当初こそ数学者，特に多くの代数学者の気持ちを代弁するものであったと思われるが，ヒルベルトをはじめとする若い世代は，デーデキント-カントール的数学を受け入れ始めたのである．Lagrange の場合とは異なり，彼らの「思想」が数学的結果の生産に実に有用だったからである．問題は生産性にあった．

　二つの算術化の本質的相違は，算術化に使う方法を，無限もいとわない「集合と論理」にするか，有限にとどまる「代数と計算」にするか，という方法論の差であった．無限算術化は有限算術化を包含しているから，無限算術化の方が有限算術化より生み出す数学の結果は多い．これだけ考えれば無限算術化の方が好ましいが，無限算術化には無限にまつわる胡散臭さがある．だから，もしも，無限算術化の生産性が，有限算術化のそれと大きく違わなかったら，数学者は少しくらいの生産性の欠如には目を瞑り，無限の胡散臭さを避けてクロネカーに同調し，有限算術化の世界にとどまったかもしれない．現実には，無限算術化の生産性が，有限算術化のそ

れを，はるかに凌駕していたのである．これは，Wilesにいたる20世紀数学の歴史が証明している．その結果，数学者は胡散臭さは不問に付し，カントール–デーデキント的数学の圧倒的な生産性を選んだのである．

1891年に亡くなったクロネカーは，カントール–デーデキント的な方法が，その本当の威力を発揮する現場を，ほとんど目撃していない．先に述べたように，クロネカーの数学には，より具体的な解を提供できるという大きな利点がある．無限集合を縦横に使う数学では，「答えが存在する」と証明できても，実際には，その解を全く計算できないことが少なくない．クロネカーの古いタイプの代数学では，そういうことはなく，「ある」と言うときには，原理上であるにせよ，機械的計算により，答えが目の前に具体的に提示されえるのである．それゆえに「哲学」や「神学」が排除される．この点をとらえて，「実践家」クロネカーが自分の数学の方が優れていると考えても不思議ではなかったし，まさに，その点でデーデキントの整数論を批判したのである．

しかし，歴史とは皮肉なものだ．この当時，人間の計算能力の現実的限界ゆえに，無限算術化と有限算術化の，この「具体性」についての関係が，数学の最前線で逆転しつつあったのである．当時，クロネカー流の「具体的」数学では，操作すべき数式が巨大化しており，原理的には操作・理解できるはずのものが，平均的数学者には，実際には操作不可能・理解不可能なものになっていた．巨大すぎる有限は，あ

る種の「性質の良い無限」よりも取り扱いにくいのである．

このことを誰よりも強く認識していた数学者が，ヒルベルトであった．ヒルベルトの若き日の代数学の講義録や数学ノートブックなどには，旧風の代数学における膨大な計算量への批判がいくつも書かれている．ヒルベルトは，それに嫌悪さえ感じていたらしい．ヒルベルトは数式操作の達人だったが，当時の代数学の計算複雑度は，その彼の能力をさえ越えていたのである．クロネッカーや若きヒルベルトが研究していた代数・整数論では，デーデキント–カントール的な「哲学的・神学的」数学こそが，平均的数学者が現実的に数学を実行できる唯一の方法となりつつあったと言ってよい．

このことを認識したヒルベルトたちの活躍により，数学は，クロネッカーが危惧したデーデキント–カントールの「哲学的思考法」を取り入れ始めた．20世紀には，それが数学における爆発的な生産性向上をもたらし，数学の発展の原動力になったのである．発展を善であるとすれば，間違っていたのはクロネッカーである．しかし数学の歴史は，「哲学・神学的方法」の一方的な勝利に飾られているのではない．あまりに多産すぎる「哲学・神学的方法」は，クロネッカーの危惧どおり，一度，根本的に破綻した．いわゆる「集合論のパラドックス」の発生である．

2.6　対角線論法：限りなき膨張

集合論と不完全性定理は切っても切れない関係にある．そ

の最大の関係は**対角線論法**である．ヒルベルト計画は，対角線論法による集合論のパラドックスを契機として生み出され，やはり対角線論法を用いる不完全性定理により，その幕が引かれたのである．

ことの起こりは「任意の集合 X について，X の濃度よりも大きな濃度をもつ集合 Y は必ず存在するか？」という問題であった．これが成り立つならば，集合の世界は無限に膨張を続けることになる．それは「数学とは自由性のことだ」とさえ言ったというカントールの集合論にふさわしい事実だと言える．カントールは1891年に，**対角線論法**というパズルのような議論を使って，この問題に解決を与えた．対角線論法がどのようなものかは後で説明することにして，今は話を続ける．

集合 X の部分集合すべてを集めた集合を，X の**べき集合**と呼び，$\mathbf{P}(X)$ と書く．これについて対角線論法を使うと，「べき集合 $\mathbf{P}(X)$ の濃度は，集合 X の濃度より大きい」という定理が証明できる．カントールは，べき集合はいつでも作れると考えたので，この定理によれば「どんな集合に対してもそれより大きい集合がある」という事実が証明できたことになる．また，自然数のべき集合と実数の集合の濃度は同じであることが知られているので，前述の定理から「実数が自然数より沢山ある」という1874年のカントールの定理の別証明が得られる．

ところが，この定理が集合論の破局の幕開けとなった．カ

ントールのパラドックスの発見である．どんな集合についても，そのべき集合の方が大きいということは，「一番大きな集合というものはない」ということになる．では，「すべての集合の集合」はどうだろう．この集合を S と呼ぶことにする．S のべき集合 $\mathbf{P}(S)$ は S の部分集合の集まりであるから，その要素はどれも集合である．したがって $\mathbf{P}(S)$ の要素は S の要素でもある．つまり $\mathbf{P}(S)$ は S の一部分ということになる．部分の濃度は全体の濃度を超えないので，$\mathbf{P}(S)$ の濃度は S の濃度を超えることはない．他方「べき集合の濃度はもとの集合の濃度より大きい」というカントールの定理から，S という最大の集合の存在を認めると，矛盾が生じる．この矛盾をカントールのパラドックスという．[23]

カントールは，1897年9月のヒルベルトへの書簡で，このパラドックスを説明している．そのときカントールは，それをパラドックスあるいは，矛盾とは思っておらず，集合論最大の発見とさえ考えた．カントールは「すべての集合の集合」のように矛盾を導く無限は「本当の集合」とは異なるとしたのである．

カントールは，「本当の集合」を**無矛盾的多数**(consistente Vielheit)と呼び，「矛盾を導く集合」を矛盾的多数

---

[23] 正確に言えばカントールが考えだしたパラドックスは「アレフの全体の集合」のパラドックスで，ここで説明したものではない．アレフとは基数への橋渡しをする順序数である．しかし，現代の目からみれば，この二つのパラドックスは本質的には同じなので，議論を簡単にするために，あえて区別しないでおく．

(inconsistente Vielheit)と呼んだ．カントールが発見したパラドックスは，「すべての集合という多数」が矛盾的多数であるというポジティブな新定理なのだ，というのがカントールの見解だった．カントールはこの「新定理」を使い，当時未解決だった集合論の大問題「連続体仮説」を証明しようとさえした．

　カントールのパラドックスには，複雑で新奇な超限数論の議論が絡まっていたので，矛盾の本質が隠されていた．パラドックスの本質を顕にし，初期集合論の崩壊を決定的なものにしたのは，超限数論という衣をまとわない裸のパラドックス，いわゆるラッセル・パラドックスである．それは「論理主義」の研究から生まれた．論理主義を通して初めて，パラドックスが集合論の論理の根底深くに根ざしていることが認識されたのである．その説明のために，ここで集合論とほぼ同時代にドイツとイギリスで形成された「論理主義」思想に話題を移す．

3 論理主義：数学再創造とその原罪
1884-1903

3.1 自然数の発生学

実数の発生学は有理数が基礎になっていた．有理数や整数を自然数から定義するのは簡単で，19世紀の終わり頃には広く知られるようになっていた．[24] しかし，自然数より単純な数はないから，これを還元する先は数ではありえない．そのために，自然数を論理に還元しようという動きがおきた．この運動を**論理主義**といい，それを推進した人々を論理主義者という．[25]

論理主義には記号論理学による論理・推論の厳密化・数学化という面と，数や数学の発生学という二つの側面がある．前者が技術として後者を支えていたのであるが，前者がなくても後者はできる．例えば，カントールやデーデキントたちは，記号論理学なしで有理数から実数を構成している．

---

[24] 例えばクロネカーの方法では，-1 は $x+1=0$ という「公理」を用いて定義できる．変数が無限個必要だが有理数も同様に定義できる．

[25] ここでは論理主義運動の一部としての自然数の発生学について説明したが，自然数の発生学で最も著名なのはデーデキントの著作「数とは何か，何であるべきか」である．デーデキントは思考についての哲学的議論により無限集合の存在を直接主張し，その無限集合から自然数を作った．また，論理学を基礎として使っていない．これらの理由で，この著作は論理主義に分類しなかった．

カントールは無限基数の理論を作るために，1対1対応により集合の基数を定義した．1対1対応から始めれば有限基数，すなわち自然数も定義できるはずである．論理主義の父と呼ばれることもあるドイツの数学者フレーゲ[26]は，「算術の基礎」[27]と「算術の基本法則」[28]という二つの著作で，自然数をそのように発生させてみせた．

現代的な方法で，論理主義的な自然数の発生を再現してみよう．自然数の発生学で重要なことは，慎重に数を排除することである．例えば，p.93 の1対1対応の説明にすでに数1が使われている．1対1対応の説明に，「B の各要素には A の要素がちょうど一つだけ写像される」という言い方で「一つ」が使われているのである．この問題を解決するためには，次のように言い換えればよい．「B の各要素 b に，A のある要素が写像され，b に A の要素 x と y が同時に写像されていたら，x と y は同じものである」．「一つ」という言葉が，「同じ」という言葉で置き換えられたのである．その「同じ」という概念は論理学の概念であると信じられていた．

これで1という数を使うことを回避しながら，1対1対応を定義できる．そこで，その1対1対応を使って，数1を定義しよう．まず何も要素をもたない集合(空集合という)

---

[26] Friedrich Ludwig Gottlob Frege (1848-1925)：ドイツの数学者・哲学者．イエナ大学の数学教授．記号論理学・分析哲学の祖とされることも多い．

[27] Die Grundlagen der Arithmetik, 1884.

[28] Grundgesetze der Arithmetik I, II, 1893, 1903.

を $\emptyset$ で表す．次に集合 $\emptyset$ だけを要素としてもつ集合 $\{\emptyset\}$ と1対1対応する集合を集めたものを1と定義する．さらに，$\emptyset$ と $\{\emptyset\}$ だけを要素として持つ集合 $\{\emptyset, \{\emptyset\}\}$ と1対1対応する集合を集めたものを2と定義する．このようにして「論理」だけを使って次々と $1, 2, 3, \cdots$ を表す集合が作られるだけでなく，さらには「自然数全部の集合」あるいは「自然数という概念」を定義することさえできたのである．こうして定義された自然数は，イタリアの数学者ペアノ[29]が「自然数の公理」として提案したペアノの公理という五つの性質を，すべて満たすことが示される．ペアノの公理の五番目の性質は「数学的帰納法」である．つまり，フレーゲの手法によれば，数学的帰納法も証明できたのである．

3.2 数学の発生学

自然数の発生学には，「対応」「集合」「等しい」などの概念や関係が使われていたが，論理主義者にとっては，これらも論理学の一部であったから，自然数は論理から発生したと言える．ここで注意すべきことは，カントールと論理主義者たちとの相違である．カントールは無限集合の存在を前提とした．すなわちカントールにしたがえば，無限集合から出発して数学を構築することになる．他方，論理主義者は自然数

---

[29] Giuseppe Peano (1858-1932)：イタリアの数学者．ペアノ曲線，微分方程式の解の存在条件，自然数の公理系などにその名を残す．現代の論理学，集合論の記法の多くはペアノに始まる．

の集合の存在さえ仮定しなかった．先に説明したように，論理学によって個々の自然数や自然数の集合の存在を導けたからである．論理学者は論理学だけを使って数学を再創造することができたのである．

論理による自然数の発生学を最初に展開してみせたのはフレーゲだが，論理によって全数学の発生学が可能であることを実行してみせたのは，1903年に出版されたイギリスの哲学者ラッセルの著書「プリンシプルズ・オブ・マセマティクス」(以下，「プリンシプルズ」と略記)が最初である．[30] その意味では，これが真の論理主義の始まりだったとも言える．この著作の背景には「数学はいかなる意味で真理か，あるいは数学は絶対的真理でありえるか」というラッセルの哲学的疑問があった．彼はこのような疑問に，ペアノが開拓していた新論理学を拡張・改善することによって答えようとした．それが「プリンシプルズ」である．その内容は，フレーゲが「概念文字」と呼ばれる記号論理学を用いて展開していた理論と非常に近いものであった．

フレーゲの理論や記号法は，精密ながら難解だったために広まらなかった．広まったのは，ラッセルにより改造されたペアノの論理学だった．現代の記号論理学，あるいは**数理論**

---

[30]原題は The Principles of Mathematics. Principia Mathematica プリンキピア・マテマティカは別の著書で1910年代の出版．二つを区別するために題名を和訳せず片仮名表記にするが，「プリンシプルズ」「プリンキピア」などと略記する．

理学は，このペアノ-ラッセルの論理学の線上にある．

「プリンシプルズ」によれば，20個の記号論理学の原理だけから，数学がどのように発生するかを説明できる．それらの原理の多くは，後にヒルベルトが形式系を定義するときに利用することになる述語論理の概念と公理であり，残りの部分は，現代的に言えば，集合についての規則である．しかしラッセルの理論では，集合は類（クラス）と呼ばれ，論理学的対象と考えられていた．

ラッセルの方法によって伝統的数学，集合論のような新数学，そして，おそらくは未来の数学さえ，すべて論理学でカバーできるはずであった．ラッセルは，数学を再創造したのである．彼の伝記は，当時の天にものぼるような高ぶった感情を生き生きと伝えている．しかしラッセルは，同じ伝記が伝えるように，有頂天で「プリンシプルズ・オブ・マセマティクス」を完成させた直後に，深い知的挫折を味わうことになるのである．

3.3 ラッセルのパラドックス

ラッセルの挫折とは，1903年に公にされた，ラッセル・パラドックスと呼ばれる逆理の発見である．

ラッセル・パラドックスを説明しよう．集合 x についての条件 A を「x は x 自身の要素とならない集合である」とする．ラッセルが「プリンシプルズ」で導入した論理学の原理を使うと，条件 A を満たす集合 x を集めて，集合（類）s

を作ることができる．集合論の記号を使うならば，$s=\{x|x\not\in x\}$ である（$x\not\in x$ は「$x\in x$ でない」を表す）．このとき s が s 自身の要素である（$s\in s$）と仮定しても，そうでないと仮定しても矛盾が生じてしまうのである．

s がそれ自身の要素であると仮定してみると，s は条件 A を満たさないから，s の要素ではありえない．逆に s がそれ自身の要素でない（$s\not\in s$）と仮定してみると，条件 A を満たすので，s は s の要素になる．いずれにしても仮定からその否定が導かれる．これは矛盾している．

すべての集合を縦と横に並べた表を想像しよう．集合 x の行と集合 y の列の交点である升目に，「x が y の要素である」という条件が正しいときには Yes，そうでないときには No を記入することにする．このとき，y が x と同じ集合であるときには，この条件は「x が x の要素である」となり，そのような升目は表の対角線上に並んでいる．この対角線の部分を利用すると，上のパラドックスを導ける．そのために，上の議論やこれに類似する論法が，**対角線論法**と呼ばれている．

前述の「べき集合はもとの集合より大きい」という事実も，この対角線論法で証明された．ラッセルは，このカントールの定理を知っていたが，それがカントールのパラドックスを導くことは自分で見つけたらしい．ラッセルは自分の論理体系で論点を整理すれば，この問題の何が悪いのか判ると思ったらしいが，実際に得られたものは，パラドックスの

解決ではなく，純化されたパラドックスだったのである．

カントールのパラドックスでは，「1 対 1 対応」「濃度」などの言葉でパラドックスの根源が覆い隠されている．この当時，濃度の概念などには，まだ不安定な面があったから，集合論そのものでなく超限数理論にパラドックスの原因がある可能性はあった．しかし，ラッセルのパラドックスでは，「集合」と「集合 A が集合 B に属する（$A \in B$）」という言葉しか使われていない．したがってラッセル・パラドックスは，集合論やフレーゲ–ラッセルの論理学の根本を直撃するパラドックスなのである．

ラッセル・パラドックスは，ゲーデルが論文で引用した言語のパラドックス「嘘吐きのパラドックス」と関係が深い．「嘘吐きのパラドックス」には，色々な変形があるが，一番単純な形は次の文章 S である．

S：この文章は偽である

文章 S の主語の「この文章」は，文章 S そのもののことであり，したがって文章 S は「自分は嘘吐きだと」主張している．もし文章 S が正しければ，「この文章」すなわち S は偽（嘘）ということになる．もし文章 S が偽（嘘）ならば，それは正しいことになる．つまり，文章 S は正しいと仮定すれば偽であり，偽であると仮定すれば正しい，という結論になる．

これはラッセルのパラドックスにおいて，集合 s が s の要素であるとすれば要素でなく，s が s の要素でないとすれ

ば要素である,という矛盾的推論と同じ構造をしている.冗談かパズルのような話だが,この文章にいかなる意味を与えることができるか,ということについて,アリストテレスの時代からすでに議論があり,いまだに決定的な答えはない.

このパラドックスは,ラッセルの「プリンシプルズ」で発表された.つまり,最初の本格的論理主義は,その登場当初から,すでに自らがパラドックスを包含していることを自覚していたのである.「プリンシプルズ」などを通して,やがて多くの数学者がこのパラドックスを知るところとなり,カントールの集合論に新たな,そしてより困難な疑問が投げかけられることとなる.しかし,集合論が容易に打ち捨てられることはなかった.この頃にはすでに,多くの若い数学者が,集合論こそが新時代の数学を切り開くために不可欠の言語であり生産技術であることを,認識し始めていたからである.その一人がヒルベルトだった.

4 ヒルベルト公理論：数学は完全である
   1888-1904

　ラッセルが論理学による数学の再構築（発生学）を開始した切っかけは，1900年夏のパリで開催された第1回国際哲学会議だった．この会議に出席したラッセルは，会議を圧倒するペアノとその学生たちに強い印象を受けた．そして，彼らから受け取ったありったけの記号論理学の文献を鞄に詰め込み，哲学会議の終わりも待たず早々にイギリスにとって返した．その後わずか半年ばかりで「プリンシプルズ」の根幹部分を完成させ，やがて，ラッセル・パラドックスを発見したのである．

　この夏，五度目の万国博覧会で賑わっていたパリでは，国際哲学会議の他にも多くの国際学術会議が開催された．この当時の万博は単なる物見遊山の場ではなく，未だ人類の進歩の象徴であったから，成立し始めたばかりの国際会議開催には相応しい場だった．これらの会議は万博の一部として開催されたのである．その一連の国際会議の一つとして国際哲学会議の翌週に開催された第2回国際数学者会議で，ヒルベルトが「数学の問題」と題した歴史的な講演を行った．この講演によって，ヒルベルトの数学思想である**形式主義**が，世界の大舞台に初めて登場したのである．それは数学における「近代」の象徴であるヒルベルト形式主義にとっては，実に

相応しい舞台であった．

　この時ラッセルは，自分が数学の再構成のために利用することとなる集合論の論理学的部分にパラドックスが存在するとは想像もしていなかっただろう．しかし，3 年前カントールから集合論のパラドックスについて聞かされていたヒルベルトは，すでに集合論をパラドックスから救い出す闘いの火蓋を切っていたのである．

4.1　数学の可解性と無矛盾性

　当時ヒルベルトはまだ 40 歳にもなっていなかったが，デーデキント–カントール流の方法を駆使して，代数学，整数論，幾何学などの数学の主要分野を革命的に前進させ，新世紀の数学指導者の最有力候補になりつつあった．「数学の問題」という講演は，そのヒルベルトが，新世紀の数学がチャレンジすべき問題を指し示すものだったのである．この講演は，23 の具体的な問題を提示するという実践的スタイルであった．これらの問題の多くは 20 世紀数学の目標とみなされ，この「目標」の存在のゆえに数学は大きく進歩したのである．ただし，講演時に実際に提示されたのは 10 個の問題であり，23 個となったのは，後にゲッチンゲン紀要 (Göttinger Nachrichten) に論文として掲載されたときである．

　ヒルベルトは会場で配られた 10 個の問題だけを掲載した短いレジュメでも，後に出版された 23 個の問題を詳細に議

論した論文でも，具体的問題を示す前に数学論を展開している．レジュメ版の議論でも論文版の議論でも，この数学論の中に異様に際立つ部分がある．すべての数学問題の可解性の公理についてのくだりである．論文版から要約しよう：[31]

> 数学の問題は「期待する答えは存在しない」という事実の証明によって解決されることがある．平行線公理，円積問題，5次代数方程式の代数的解法の否定的解決がその例である．あらゆる数学の問題は解決できるという，未だに証明されてはいないが，すべての数学者が持つ信念は，主にこの事実から生まれるのだろう．数学の問題は，期待したとおりに解答が得られるか，あるいは，そういう解答が不可能であると証明されるか，のどちらかである．この「全ての数学問題の可解性の公理」への信念は数学者に力強いインセンティブを与える．我々は絶えざる内なる呼び声を聴く．そこに問題がある．解決せよ．純粋思惟によりそれは解決できる．数学にはイグノラビムスはないのだから．

最後の文章に現れる「イグノラビムス」はラテン語の文章 Ignorabimus である．19世紀中庸に活躍した生理学者のデュ・ボア・レイモン[32]は動物電気の研究で有名だが，科学には限界があるという不可知論を唱え，ドイツの言論界をイグ

---

[31] 要約なのでヒルベルトの原文とは異なる．

ノラビムス論争と呼ばれた大論争に巻き込んだことでも知られる．その科学限界説のキャッチコピーが，「イグノラムス，イグノラビムス(Ignoramus et ignorabimus.：我々は無知である．そして，無知であり続けるだろう)」だった．この不可知論への反感の表明が，「数学にはイグノラビムスはない」という「全ての数学問題の可解性の公理」(das Axiom von der Lösbarkeit eines jeden (mathematischen) Problems)だったのである．

「数学にイグノラビムスはない」という主張に見られるような，人間はすべての数学の問題を何らかの方法で解く能力を持つというヒルベルトの主張を，**数学の可解性**と名付けよう．筆者たちによるヒルベルトの遺稿研究によれば，彼はまだ無名に近かった1890年前後に可解性思想を着想し，その当時から数学の可解性を数学的に解明する可能性を考えていた．その後，可解性思想は「進化」し続け，1920年代のヒルベルト計画にまで発展するが，数学にイグノラビムスはないという信念だけは変化していない．

そして，最初の着想から約10年後，ヒルベルトは可解性の「夢」を，世界数学者会議という檜舞台で数学界に向けて語った．それがパリ講演の「数学問題の可解性の公理」だったのである．以後，この可解性思想が数学基礎論史の通奏低

---

[32] Emil Heinrich du Bois-Reymond (1818-1896)：ドイツの生理学者．ベルリン大学学長，ベルリン学士院院長．数学者 Paul du Bois-Reymond は弟．

音となる．論敵ブラウワーがヒルベルトを執拗に攻撃したのは，可解性思想が人間の有限性を無視したと解したからであるし，ブラウワーの直観主義思想を特徴づける排中律の否定も，可解性の思想への反発が動機となって着想された可能性が高い．第1不完全性定理によって否定されることになるヒルベルト計画の第3段階「数学の形式系の完全性」は，もちろん，この可解性思想の一定式化である．ヒルベルト計画の第3の目標，少なくともその動機は，このパリ講演で登場したのである．

科学の限界性が「常識」となった現代では，可解性思想は「幼稚」に見える．「科学万能時代の大数学者ヒルベルトが一種の万能感を抱き，それをゲーデルが否定した」と考えられ勝ちである．しかし，パリのヒルベルトの主張はそんな単純なものではなかった．

同じ講演で，彼は「ひとつの問題が解けると，それが解かれたことにより必ず新しい問題が現れる」と主張している．この意見に従えば数学は永久に完成しない．つまり「数学は常に不完全」なのである．ただし，これは否定的・悲観的見解ではなく，「数学はどのように発展しても次の段階に発展可能だ」という積極的・楽観的見解だった．数学の問題への挑戦を無上の喜びとしていたヒルベルトにとって，永遠に立ち現れる未解決問題は無限に続く業苦ではなく，枯渇することがない胸躍る「次のゲーム」だったからである．

そのゲームに人類が「勝つ」保証はない．可解性とは「人

類は勝利できないと運命づけられてはいない」という主張であり,「努力をしないでも必ず自動的に勝つことになっている」という主張ではなかった. もし, 自動的に勝つことになっていたら, ヒルベルトにとって数学はプレイするに値しないゲームなのである.

ヒルベルト計画の第2段階である「数学の形式系の無矛盾性」も, この講演で登場した. 23の問題の第2問題「実数論の無矛盾性を証明せよ」である. この問題は, ヒルベルトが前年に書いた「数の概念について」という論文[33]で与えた実数論の公理群からは, 有限回の論理推論の繰り返しによっては矛盾が生じないことを示せという問題だった. この無矛盾性問題が初めて公表されたのも, その論文であり, 第2問題は論文の内容を要約したものだった. しかし, 無矛盾性問題が世に広く知られたのは, この講演によってである.

ヒルベルトは第2問題をクロネッカーへの反論として位置づけていた. クロネッカーは, デーデキントやカントールたちの無理数論が無限を使用することを非難したが, ヒルベルトは**存在＝無矛盾性**というテーゼを提案し, その批判を無根拠にしようとしたのである.

ヒルベルトは無限集合を使って実数を発生させるのではなく,「実数の持つ性質を有限個の公理として書き下し, その有限個の公理から有限回の論理推論を繰り返すことによって

---

[33] Über den Zahlbegriff, *Jahresbericht der Deutschen Mathematiker-Vereinigung* 8, pp.180-184, 1900.

結論を得ること」を数学の活動だとみなした．公理論という考え方である．そしてさらに，数学的対象が「存在する」とは，「その対象を特徴づけるべき公理から有限回の論理推論を繰り返しても，決して矛盾が生じないこと」と定義したのである．

ヒルベルトは第2問題の末尾に，**存在＝無矛盾性**の考えを使えば，「すべてのアレフの全体」という概念は矛盾なので存在しないが，[34]小さいアレフの概念は無矛盾なので存在する，と書いた．実数の存在の問題だけでなく，カントール・パラドックスの解決も視野に入れていたのである．

ヒルベルトは，カントールのパラドックスを1897年に知らされていたから，集合論に矛盾があることは承知していた．ヒルベルトは，カントールから聞いたパラドックスをゲッチンゲンの学界に報告し，その後ゲッチンゲン大学の数学者や哲学者の間で，さまざまなパラドックスが研究された．そのうちの一人，後に集合論を公理化するツェルメロ[35]が，ラッセルのパラドックスと同じ物を発見したのは1900年から1901年の冬にかけてのことと言われるので，パリ講演までにヒルベルトがツェルメロのパラドックスを知っていた可能性さえ完全には否定はできない．そして，ヒルベルト自身

---

[34] 本書の説明と異なり本来のカントール・パラドックスは，すべてのアレフの集合に関するパラドックスであったことに注意してほしい．

[35] Ernst Friedrich Ferdinand Zermelo(1871-1953)：ドイツの数学者．集合論の研究で知られるが，ゲーム理論等にも貢献があった．

も「ヒルベルトのパラドックス」を発見し(4.12参照)、これを契機として、10年近く前に亡くなっていたクロネカーの亡霊と闘う決意を固め、すでにその第一歩を踏み出していたのである。その彼の手に握られていた武器が公理論だった。

4.2 ヒルベルト公理論

ヒルベルトの数学的功績は多いが、第一の功績と問われれば、筆者たちは躊躇なく公理論をあげる。数学を公理からの演繹で構築するという方法は、古代ギリシャのユークリッド幾何学以来の極めて古い方法である。ヒルベルトは、この公理的数学を、伝統的ユークリッド幾何学とは本質的に違う目的のために、また、本質的に異なるやり方で実行できることを示した。

ヒルベルト以前の公理的方法とは、少数の公理と概念から論理推論だけで理論を構築すること、つまり、土台の上にレンガを積み重ねるように数学を行う方法のことだった。一方、ヒルベルト公理論では、論理的依存関係により結びつけられた定理・概念のネットワークとして数学を理解する。注目点が、一つ一つの「真理」から、その相互依存関係に変わったのである。

旧公理論では命題の依存関係(命題 A から命題 B が導かれること)しか注目されなかったが、ヒルベルト公理論では、独立性の概念を駆使し「非依存」関係を解明することが重視

された.ユークリッド幾何学においては,平行線公理を他の公理から導くことができないが,ヒルベルトの用語では,これを平行線公理の他の公理からの独立性という.[36] 新公理論では,独立性の探求が研究の中心課題として置かれたのである.

ヒルベルトは公理が無矛盾であるだけでなく互いに独立であることを求めた.そうしておくと,定理が証明されたとき,その定理が依存する公理が簡単に判る.それにより定理の「本質」が明らかになり,理論の透明度が飛躍的に高まり,結果として数学者の生産性が飛躍的に高まる.この新公理論の本質は「数学をシステムとして捉えること」だったのである.ヒルベルトはこの方法を伝統的なユークリッド幾何学に適用して,新公理論の力を見事に描いてみせた.それが1899年に出版された「幾何学基礎論」という小冊子である.ヒルベルトはこの幾何学基礎論の方法を幾何学だけでなく全数学に及ぼすべきだと主張した.それをヒルベルトの公理論(Axiomatik),公理的方法(axiomatische Methode)などと言うのである.[37]

---

[36] 現代の標準的用語では,平行線公理の否定も導くことができないということと合わせて独立性という.

[37] 日本では科学哲学者,田辺元が大正期にAxiomatikを公理主義と翻訳して以来,この名前で呼ばれることが多い.ただし,axiomatismやAxiomatismusという英語や独語はない.

4.3 否定的解決とモデル

ヒルベルトが独立性の証明に用いたのが，可解性の信念の発生原因とした**否定的解決**の方法だった．ヒルベルトは19世紀数学における三つの否定的解決に言及している．平行線公理，円積問題，5次代数方程式の代数的解法，である．否定的解決とは「解決すべき問題が解決不可能であること」つまり「想定していた方法では与えられた問題を解くことができないこと」を数学的に証明することを言う．例えば，円積問題は「与えられた円と同じ面積の正方形を作図せよ」という問題であったが，作図を「コンパスと定規を使って解くこと」と解釈すると，この作図可能性を代数の言葉で置き換えることが可能となる．これは作図という解法を数学的に厳密に定義したことになる．その結果，もしも円積問題が解決されると，円周率が「有理係数の代数方程式の根になる」という性質を持つことが判る．ところがヒルベルトの指導教官だった C. Lindemann が，円周率はそういう性質を持たないことを証明した．これらにより円積問題の解決の不可能性が数学的に証明された．この事実を円積問題の否定的解決という．

このように数学における否定的解決とは，使ってよい**方法**や**前提**を**明瞭**にしておいて，それから与えられた問題の解が，絶対に得られないことを数学的に証明することをいう．円積問題の場合の「明瞭化」は「コンパスと定規を使って作図する」という人間の行為を，代数学のことばで置き換えた

ことである．円積問題と同じく，5次代数方程式の代数解の問題も，解を求める方法を厳密に定義することにより否定的に解決された．

　しかし残りのもう一つの問題，非ユークリッド幾何学の場合は違った．これは「ユークリッド幾何学の平行線公理を他の公理から証明せよ」という問題であり，やはり否定的に解決されたが，許容される方法，つまり「公理から証明する」ということの意味を曖昧にしたままで解決されたのである．この問題は論理推論による証明可能性を直接考察するのではなく，もし，それが可能であるならば成り立つと思われる別の事実を否定することにより不可能性の証明がなされた．その事実の否定とは，非ユークリッド幾何学のモデルの存在である．

　このモデルとは，文字通り「模型」のことである．非ユークリッド幾何学の「模型」，つまり平行線以外の公理をすべて満たすが，平行線公理は満たさないような数学的対象からなるシステム，が非ユークリッド幾何学のモデルであり，そういうモデルを作り上げることにより，この問題は否定的に解決された．もし，平行線以外の公理から論理的に平行線公理が導出されるならば，論理はあらゆるシステムで成り立つはずだから，平行線公理を満たさないモデルはないはずなのである．このことから平行線公理の論理による導出不可能性，つまり，「平行線公理の独立性」が導かれる．

　このようなモデルを作るには，点や線をその「本来の意

味」から外れたもので定義する．例えば，2次元の非ユークリッド幾何学のモデルの点は，適当な曲面上の点であるが，直線はその曲面上のある種の曲線として定義される．つまり，非ユークリッド幾何学のモデルでは，直線はすでに我々が知っている「真っ直ぐな線」ではなくて「曲がっている」のである．しかし，それが「モデルの『全世界』である曲面上では，直線に必要とされるすべての公理を満たす」という意味で直線としての**機能**を持つゆえに，それを直線というのである．

ヒルベルトの数学思想である形式主義は，彼が数学の基礎付けの問題から表面上遠ざかった，1905年頃から第一次世界大戦終結までの十数年間を挟んで**前期形式主義**と**後期形式主義**に大別できる．[38] 前期，後期の最大の違いは，後期に形式系の概念が確立された点である．前期には未だ形式系の概念はなく，パリ講演の第2問題のように自然言語で書かれた公理系がそれを代替していたのである．そして，自然言語による記述の曖昧さという欠点を補完していたのが，この当時でも数学的に記述できた「モデル」だった．前期形式主義は，後期形式主義と異なり，モデルという半ば非言語的かつ超越的なものを基礎においていたのである．

---

[38]前期・後期形式主義という用語はアメリカの哲学者，M. Detelfsen による．

4.4 存在と証明

20世紀数学の主流パラダイムとされるブルバキ構造主義は，ヒルベルト公理論(前期形式主義)の数学方法論としての欠点を修正したものだった．[39] このことからも判るように，ヒルベルト公理論は，いかに数学をなすべきかという数学の実践的方法論に大きな影響を与えたのである．しかし，それは同時に，数学を堅固な基礎の上に置くという認識論的目標をも担っていた．というより，ヒルベルトが青春を生きた数学革命の時代には，数学の実践と数学の基礎の問題が分かち難く結びついていたのである．そして，革命が遠く去った時代のブルバキが行ったのは，「哲学」の除去だったのである．

ブルバキが公理論から取り除いたものは，一言で言えば認識論的装置の歯車としての「証明」である．ブルバキは「数学とは証明である」と宣言したが，それは「数学者とは証明をする人である」という宣言だったのであり，ブルバキはヒルベルトのように証明に認識論的意味合いを持たせなかった．一方，ヒルベルト公理論における「証明」は認識論としての公理論のコアだった．そのことが数学基礎論の歴史を決定づけ，ゲーデルの不完全性定理を生んだのである．

このヒルベルトの「証明」の哲学的意味をもっと詳しく説明しよう．ヒルベルトはデーデキントたちと異なり，実数を

---

[39] ブルバキ(Nikolas Bourbaki)はA. Weilなどのフランスの第一級の数学者たちの集団が用いたペンネーム．その思想である構造主義は数学を超えた影響力をもった．

> ヒルベルトの実数論の公理系：
> a, b, c, x は変数で，それが表すものは実数と呼ばれる．また，0 と 1 は，それぞれ特定の実数を表す定数とする．
>
> **I. 結合の公理**：実数には加法 $a+b$ と乗法 ab という，二つの演算があり，それは次の 4 条件を満たす．(1) $a+x=b$ となる x がちょうど一つある．(2) 常に $a+0=a$ である．(3) $a \neq 0$ ならば $ax=b$ となる x がちょうど一つある．(4) 常に $a1=a$ である．
>
> **II. 計算の公理**：加法と乗法について，さらに次の 6 条件が成り立つ．$a+(b+c)=(a+b)+c$, $a+b=b+a$, $a(bc)=(ab)c$, $a(b+c)=ab+ac$, $(a+b)c=ac+bc$, $ab=ba$
>
> **III. 順序の公理**：順序と呼ばれる実数間の関係があり，それを $a>b$ または $b<a$ と書き，「a は b より大きい」という．それは次の 3 条件を満たす．(i) $a>b$, $b>c$ ならば $a>c$. (ii) $a>b$ ならば $a+c>b+c$. (iii) $a>b$, $c>0$ ならば $ac>bc$.
>
> **IV. 連続性の公理**：次の 2 条件が成り立つ．この二つを合わせて連続性の公理という．(1) アルキメデスの公理：$a>0$, $b>0$ であるならば，a を適当な回数だけ加えると，b より大きくできる．つまり，$a+a+\cdots+a>b$ とできる．(2) 完全性の公理：以上の公理を保ったまま実数と呼ばれるもののシステムに新しい実数を追加してより大きいシステムに拡張することはできない．つまり実数システムを拡張しようとすると以上の公理のどれかが成り立たなくなる．

集合として定義しなかった．その代わり，定義したい実数の持つべき性質を上の囲み記事のような有限個の公理として書き下したのである．これを**公理系**という．そして，ヒルベルトは，公理系から論理推論を有限回繰り返して結論を得ると

いう活動を，数学とみなしたのである．

　ヒルベルトの公理には実数という言葉が使われているが，実数の定義がすでに行われているわけではない．実数は「名前」としてだけある．まだ「実体」はない．しかし，こうあって欲しいという条件だけはある．それを書いたものが，この公理なのである．それには実数の「システム」が持つべき性質が，四則演算のような操作や大小のような関係を使って書いてある．これらの演算の実体も定義はされていない．

　これらの性質が実数システムが持つべき基本的性質であると，人間が意識的に定義し，それを固定する．つまり，恣意的に決めてよいが，いったん，決めたら以後は変更しない．[40] この固定した公理系から論理だけを用いて推論を行う．このような公理の選択と有限回のステップによる推論という活動を，「数学そのもの」とみなすのである．

　これが公理論の思想である．ヒルベルトは公理論的数学を数学の各分野が発展した最終局面で迎えるべき姿であると書いており，それが数学のすべてだとは言っていない．「数学の問題」論文版などを読むと，ヒルベルトはむしろ，「数学＝完成した証明」という定式化に含まれない部分に，数学の醍醐味を見ていることが判るが，数学論，あるいは「主義」としての公理論の公式見解は，こういうものなのである．

---

[40] もちろん，恣意的に決めるのだから，変更してもよいのだが，変更したシステムは別なものと考える．

数学をこのように「公理からの推論」という行為に限定すれば，その行為は有限的であり，クロネカーの無限批判は適用できない．ヒルベルト公理論では，数学とはすべて有限的な推論なのだから，どこにも無限はないのである．たとえ公理の中で「無限集合」とか「無理数」とかを使っても，それは言葉あるいは概念に過ぎない．無限が現実に存在するとは主張されていないのである．

　ただし，公理論が全く「存在」について語らないのではない．公理論は，おそらく考えうるうちで最も寛大な条件で存在を定義する．もし公理系が内部矛盾していれば，その公理系が語るものが存在するとは言えないだろう．これは数学でよく使われる論法だ．例えば，「一辺の長さが1の正方形の対角線の長さを表す分数」が存在したら矛盾が発生する．だから，そういうものは存在しない（$\sqrt{2}$ は有理数でない）という議論は，その典型である．こういう矛盾する条件を含む公理系の場合は「存在」という考え方を排除する．しかし，この方法で論駁できない場合，つまり矛盾が生じない場合には，その公理系が語る対象は存在すると考えるのである．この考え方では，「存在」について直接的に語らないために，「存在」についての可能性がこの上なく広がる．

　実は，この考え方はクロネカーの有限算術化に非常に近い．クロネカーの有限算術化で $\sqrt{5}$ を定義することは，変数 x を持つ代数式 $x^2=5$ を「公理」として代数計算を行うことだった．しかし，「公理」としての代数式が「矛盾」す

ることもある.例えば,$x+1=x$ という代数式を「公理」とすると,両辺から x を引くという代数操作により,$0=1$ が導かれる.以前から存在していた 0 と 1 の関係が崩れてしまうのである.新しい数 x の導入により旧い部分が矛盾したのである.$\sqrt{5}$ のような新しい数が,有限算術化の方法で定義されるというときには,こういう矛盾的な「公理」(等式)は排除する.つまり,$0=1$ のような矛盾を引き起こさない,「無矛盾」な等式によってのみ,「新しい数」は導入されるのである.

クロネカーは「無矛盾性」以外に,拡大した体系の「計算可能性」を重要視した.クロネカーの有限算術とデーデキントの無限算術を分かった条件である.また,ヒルベルトがまっさらな公理系から始めるのに比べ,クロネカーは自然数から出発し,そのシステムを崩さないときに限り存在を認めた.この点を捉えて,ヒルベルトは,クロネカーが自然数だけは無条件に認めてしまうことを不徹底として非難した.しかし,こういう差を無視すれば,多項式 → 命題一般,代数計算 → 論理的推論と置き換えると,クロネカーの有限算術化は,**存在 = 無矛盾性**のテーゼも含めてヒルベルトの公理論そっくりなものになるのである.

ヒルベルトはクロネカーの数学観をとらず,カントール-デーデキントの数学観を数学の主流に育てた.また,クロネカーの思想が過剰に非難されるようになったのは,ヒルベルトのプロパガンダが主原因だったろうと言われる.しかし仔

細に検討すれば,クロネカーとヒルベルトの思想が類似していることも,よく指摘されることなのである.ヒルベルトにとって,クロネカーとその師クンマーの数学は,最も畏敬すべき数学的業績であったが,同時に,その証明手法や数学思想は許容できないものだった.ある意味でヒルベルトにとって,クロネカーは憎みつつも愛する「父」であったと言えるだろう.

「息子」ヒルベルトが「父」クロネカーから継承した最大の思想は,全数学を代数学から見る視点だった.クロネカーにとって,全ての数学は彼のモズル理論(あるいは一般算術:Die allgemeine Arithmetik)という代数理論で基礎づけられるべきものだった.一方,ヒルベルトの多彩な数学研究の背後に,常に代数の姿が透けて見えることは,多くの研究者の一致した見解である.ヒルベルトには,数学も数学基礎論も常に代数とのアナロジーで考えてしまう傾向があった.これがヒルベルト計画の原動力であったと同時に,ヒルベルトの基礎付け思想がゲーデル以後の我々には,不合理に見える理由なのである.

このことを理解するためには,1880年代終わりから1890年代初頭にかけての,彼の不変式論の時代に注目する必要がある.この時代を検討すれば,ヒルベルトの数学基礎論への関与は,パリ講演とその直前の幾何学研究から始まるという「常識」は修正が必要だとわかる.それは壮年の世界的大数学者の幾何学研究に始まるのではなく,まだ駆け出しの青年

数学者の代数学研究に始まる．ヒルベルトの数学基礎論は，人間の能力を超える複雑で膨大な計算という，当時の代数学が孕んでいた極めて現実的な限界との格闘の中から生まれたのである．この事情を説明するために，1900年夏のパリから1885年冬のドイツに歴史の針を戻そう．

4.5 ヒルベルト青春の夢——可解性ノート

19世紀末からゲーデルの論文までの三十数年間の数学基礎論の華々しさには目を見張るものがある．ヒルベルト，クロネカー，デーデキントたち以外にも，ポアンカレ，ワイル，フォン・ノイマン，N. ウィーナーなど，当時の大数学者の多くがこの分野に関わった．[41] しかし，その一方で，当時の数学基礎論の技術的レベルは低かった．それは哲学的議論は多いが技術的には幼稚な新興数学だったのである．

そういう分野に，当時最高の数学者だったヒルベルトが，誰よりも真剣に取り組んだのである．数学の基礎の問題が解消され，基礎の問題が数学者の興味を引かなくなった現在では，これは容易に理解できないことだ．技術偏重の数学観が支配的な日本では特に理解できないようであり，ヒルベルト計画の時代が数学者としては盛りが過ぎた60代であったことを捉えて，大数学者も耄碌したのだと揶揄する声を聞いたことさえある．しかし筆者たちの最近の数学史研究によれ

---

[41] ゲーデルの論文のp.22にあるような「集合による順序対」を最初に定義したのはN. ウィーナーである．

ば，数学の基礎の問題，特に「数学の問題の可解性」はヒルベルトの「青春の夢」だったのであり，それは彼の生涯を通して数学研究と表裏一体の関係にあったのである．

1885年から1886年の冬，当時23歳のケーニヒスベルク大学の学生だったヒルベルトはライプチッヒでノートブックを買い求め，数学上の思考を断片的なノートとして書き留め始めた．無二の親友のミンコフスキー[42]が，すでにパリ学士院の懸賞問題でグランプリを獲得し有名だったのに比べ，この頃のヒルベルトは未だ無名の存在だった．

「数学ノート」は数十年にわたって3冊のノートブックに書き続けられた．[43] この3冊の数学ノートブックの複数の場所に数学の可解性に関する書き込みがある．ヒルベルトのノートには日付がないので，記入の時期の精密な特定は不可能である．しかし，文献学的分析を行えば，大まかな時期は同定できる．可解性を主張するノートのうちで最も古いものが，1888年3月から1891年6月までの間に書かれたのは確実で，おそらくは1889年初め頃に書かれたと推定できる．[44] その内容を再現すると次のようになる：[45]

すべての数学の問題は，次の問題に還元できる：0と1のみからなる途切れることのない列

---

[42] Hermann Minkowski (1864-1909)：ドイツの数学者．整数論・相対性理論などの研究で知られる．
[43] 1920年代のノートも存在するが，その多くは1910年代の終わり頃までに書かれている．

(α) 0 0 1 1 0 0 $\cdots$

が与えられたとき，それとは異なる別の同じような列

(β) 1 0 0 1 1 1 $\cdots$

を(計算操作により：[一部不明]，因数分解等，サイコロを振るのはなし[nicht würfeln])構成することができる規則が与えられているとする．ある列 (β) の中に 0 が出てくるか，あるいは全ての列 (β) が 1 のみでできているかのどちらであるか，それを有限回の操作により判定する．

私は次のように信じる：このような決定は有限回の操作(計算操作)により可能である．つまり，このような決定が有限個の操作(計算操作)ではできないというような命題は存在しない．つまり，すべての数学の問題は可解[lösbar]である．人間が(物質に関わらない純粋思惟により[durch reine Denken ohne Matherie])到達可能な理性[Verstande]も同様に解決できる．問題は一つだけある．(例えば，

---

[44] Niedersächsische Staats-und Universitätsbibliothek Göttingen, Cod. Ms. Hilbert 600:1, p.37. ヒルベルト遺稿集，コード番号 600 の 3 冊のノートの一番古いもの．その 37 頁目にこのノートがある．以後，同図書館ヒルベルト遺稿集の文献を引用する際は，図書館名は省略し，Cod. Ms. Hilbert XX のように参照する．

[45] 角括弧 [ ] の中は原文である．また，[一部不明] の部分は "gröste Ganze suchen" あるいは，"gröste Ganzesuchen" と読める．

円積問題，$\pi=3.14\cdots$ が 10 個の続く 7 を持つか，など.）この可能性の仮定から我々は出発する.

「すべての数学の問題は可解である」と可解性が明瞭に主張されている．この後，彼の数学ノートブックには，可解性の問題を考え続けていることが窺い知れるノートが幾つか現れる．また，このノートより前にも，可解性を考えていることが窺えるノートが複数あるが(4.9, 4.10 参照)，その中には明瞭に可解性を主張するものはない．このノートが可解性の思想の原型であることはほぼ間違いない．そこで，これを **可解性ノート** と呼ぶことにする．

可解性ノートの主張は，人間の「万能性」を仮定するため，科学的根拠が薄く「危険」である．実際，「計算操作」(Rechenoperationen)を，現代的計算概念(チューリング計算可能性)のことだと解釈すれば，この主張は再帰的関数論という理論を使って容易に否定できる．再帰的関数論は，ゲーデルの論文を出発点として建設された理論である．可解性の最後の定式化である完全性がゲーデルの定理により否定されたように，この可解性の最初の定式化もゲーデルの定理の末裔により否定されるのである．

この時代には現代に比べれば科学の「正しさ」を信じることができた．しかし，ドイツの思想界がイグノラビムス論争で沸騰したのは，これよりおよそ 20 年近く前のことだ．すでに科学万能論を無邪気に主張できる時代ではなかったのである．ヒルベルトはそういう時代に，なぜ，こういう無謀と

も言える可解性思想を抱いたのだろうか．そしてまた，10年以上後のパリの大舞台で，曖昧な言葉でながら，その信念を表明したのだろうか．筆者たちのヒルベルトの数学ノートや未発表講義録等の研究により，その理由が次第に明らかになってきつつある．十分な解明には何年あるいは何十年が必要だろうが，現在判っていることだけでも，従来のヒルベルト観や数学基礎論史の「常識」は覆り，ヒルベルト数学基礎論の徹底的な再検討が必要であることが判る．以下，それを説明しよう．

4.6 ゴルダンの問題

先に触れたデーデキントのイデアル論は，19世紀の有限算術的代数学への，カントール的無限算術からの挑戦だった．しかし，デーデキント的な計算無視の無限的代数学の本当の力を，多くの数学者に強く印象づけた最初の例は，1890年に発表されたヒルベルトのゴルダン問題の解決だったであろう．

「ゴルダン問題」は，イギリスのケーリー[46]が考え出した問題である．しかし，その特殊ケースをドイツのゴルダン[47]が解決し，その後数十年，一般のケースが解けなかったた

---

[46] Arthur Cayley (1821-1895)：イギリスの数学者．「ケーリー–ハミルトンの公式」に名前を残すように，線形代数学の創始者の一人．

[47] Paul Albert Gordan (1837-1912)：ドイツの代数学者．最初，ビジネスを目指し銀行にも勤めたが，数学に興味を持ち数学者となる．F. クラインの元同僚で友人．

め,ゴルダン問題と呼ばれるようになっていた.ヒルベルトはこの未解決問題を,無限的方法の優位性を強く印象づける方法で解決したのである.[48]

ゴルダンの問題は「どんな同次式 f にも有限完全不変式系が存在することを示せ」という問題である.[49] 同次式 f の不変式とは,f が数式として持つ本質的な代数的性質を表現する数式のことである.例えば,2次の代数方程式が重根を持つかどうかという性質は,数式が持つ本質的な代数的性質だが,それは方程式の判別式の値が 0 かどうかで表現することができる.不変式とは,この判別式のように本質的特性を表現する数式をいう.また,「f の有限完全不変式系」とは,f の不変式の有限個の集合で,無限個ある f の不変式が,この有限個の不変式と定数から和と積の二演算だけで,すべてできてしまうようなものをいう.

同次式 f の不変式を f の本質的特性を表す表現と考えれば,ゴルダン問題とは「無限個ある本質的特性が,実は有限個の基本的特性の組み合わせで表現できることを示せ」という問題であると考えられる.ラッセルのプリンシプルズの目的が,有限個の論理学の言葉の組み合わせで,無限に存在する数学の言葉を発生させることだったのを思い出せば,この

---

[48] この解説では不変式論をヒルベルトが使った用語で説明している.現代的な用語とは異なる.

[49] 例えば,2 変数 x, y の同次式とは,$x^2 y^5 + x^4 y^3$ のように,各単項式の次数が全部同じものをいう.この場合には,単項式は $x^2 y^5$ と $x^4 y^3$ で,その次数はどちらも 7 である.

問題の目的とプリンシプルズの目的が似通っていることが判るだろう．

不変式の変数が2個のときには，ゴルダンにより有限完全不変式系を計算するアルゴリズムが与えられていた．しかしヒルベルトは，2変数の場合でさえ，ゴルダン・アルゴリズムの膨大な計算が現実には実行不可能であることに気づき，不変式論における計算の持つ役割に疑問を持つようになった．ヒルベルトは1886年冬学期の不変式論講義録に，次のような意味のことを書いている：「ゴルダンの方法は複雑過ぎてほとんどの場合に実行できない．問題の核心はそういう計算方法でなく，存在するという事実を示すことだけだ」[50]

必要な計算の量が巨大すぎて現実には実行できないアルゴリズムは無いのと同じなのであるから，アルゴリズムへのこだわりでゴルダン問題が解けないでいるのならば，たとえ計算できなくても答えの存在だけでも示された方がよいのである．

この思想的転換の結果，ヒルベルトは，デーデキント的な計算無視の一般有限性定理，現在のヒルベルト有限基底定理を考え出し，それを利用してゴルダン問題を，当時の誰もが想像しなかったような単純な方法で解決してしまった．[51] 複

---

[50] Cod. Ms. Hilbert 521, pp.192-194.
[51] Über die Theorie der algebraischen Formen, *Math. Ann.* Bd.36, pp.473-534 (1890).

雑なアルゴリズムによるゴルダンの証明に比べれば，ヒルベルトの証明は計算を必要としないと言ってもよいくらい簡単だった．ゴルダンやクロネカーならば，必要な有限個の不変式を具体的に作ろうとするところを，ヒルベルトは具体的には見つけられないかもしれないが「とにかく存在する」という風に非構成的に証明した．この「代数でも非構成的証明を使ってよい」という発想の切り替えが，ヒルベルトの成功の最大の鍵だった．しかしヒルベルトは，この一般有限性定理以外では，ほぼクロネカー的世界にとどまった．実は，ゴルダン問題解決のもう一つの鍵は，クロネカーのモズル理論だったのである．ゴルダン問題の解決は有限算術と無限算術の融合によって成し遂げられたのだった．

　ヒルベルトの一般有限性定理の方法は無限的といっても，現代からみれば有限と無限との境界線上にある方法にすぎない．しかしそれさえ，当時の常識を超えていた．ゴルダンは「これは数学ではない．神学だ」とさえ言ったと伝えられている．そればかりか，論文を専門誌に掲載することに反対した．現代の言葉を使って言えば，ヒルベルトは有限完全不変式系を計算するアルゴリズムを全く与えていない，それでは数学の証明とは言えない，というのがゴルダンの見解だった．幸い，ゴルダンに論文の評価を依頼したクライン[52]が，

---

[52]Felix Christian Klein(1849-1925)：ドイツの数学者．数学だけでなく，管理者としての能力にも優れ，一世代下のヒルベルトと共にゲッチンゲンの黄金期を築いた．数学史家としても著名である．

ゴルダンの意見に反して，ヒルベルトの方法を高く評価したため，論文は無事出版された．

この「神学事件」以前，ヒルベルトはゴルダンに最高の敬意を表明していたが，「神学事件」はヒルベルトのゴルダンへの態度を一変させた．ゴルダンの批判を知ったヒルベルトが，クラインに宛てて書いた「自分の論文は一行一句たりとも変える用意はない」という，丁寧ながらも厳しい反論の手紙が残されている．

4.7　ヒルベルトの「神学」

ゴルダンに代表される当時の多くの代数学者には，算術(Arithmetik)や代数学は構成的に行うべきものだという先入観があったようだ．これを思想として主張していたのがクロネカーであり，そのゆえに彼はデーデキントを批判したのである．それを打ち破ったヒルベルトの「神学」とはどんなものだったのだろうか．

$a_1, a_2, \cdots$ が自然数の無限数列ならば，この列の中には最小の数 a_i がある．これは**最小値原理**と呼ばれる数学原理である．一般有限性定理の証明には，この最小値原理が本質的に使われていた．しかし，この原理以外はすべて構成的だったのである．つまり，ヒルベルトの「神学」とは**最小値原理**だった．

現在では，最小値原理は当たり前のこととして何の抵抗も無く使われるが，ゴルダンは，それを証明になっていないと

批判したのである．この原理を次のように言い換えると，ゴルダンの気持ちの悪さがわかる：コンピュータの画面上に一定の時間間隔で永久に自然数が表示され続ける．どういう規則で表示されるかは教えてもらえない．判っているのは続けて同じ数が表示されることもあることだけだ．表示される最小の数を有限時間内に「知る」ことができるか？

「知る」という言葉の意味を広くとれば，これができる．まず，最初に表示された数を紙片に記録する．その後は，より小さい数が出てきたら，そのたびに，その新しい数で記録を書き換える．最初の数が 7 ならば書き換えの回数は 7 回が最高だから，書き換えは有限時間内に終わる．したがって，有限時間内に必ず最小数にたどり着ける．

ここに書いた議論は，ヒルベルト自身の議論を，ほぼそのまま再現したものだ．この議論の気持ちの悪さは，0 が表示されない限り，記録された数が実際には最小数になっても，表示の規則を知らない人間には，そのことが判らない点だ．紙片上の数は，正しい答えの「推測」であり，推測はやがて必ず正しくなるが，そうなっても，それが今かどうかは知りえないのである．答えが正しい「根拠」を知らずに正しい答えを持っているとき，それは「知っている」と言えるのだろうか．この議論は経験科学の「正しい法則を知りえるか」という問題にも関連する困難な哲学的問題を孕んでいる．

現代の計算可能性の理論は「チューリング計算可能性」という概念に基づくが，その立場からすると，無限列の最小値

は計算可能ではない.「知る」を計算のこととすれば,最小値は「知ること」ができない.ところが同じ計算可能性理論に基づく計算論的学習理論の専門用語を使えば,最小値は計算可能ではないが「帰納推論可能」になる.帰納推論は機械による学習の最も古い数学的モデルである.つまり,最小数は自動的に学習可能なのである.学習可能とは「知ることができる」ということなのではないのだろうか……

哲学的議論は置くとしても,クロネカーやゴルダンのような 19 世紀的代数学者が,帰納推論のようなプロセスを有限的操作として認めないことは確かだった.当時このような議論はカントール的数学の特性として理解されていたものであり,ヒルベルトの一般有限性定理は,カントール的数学の一種として理解されたのである.1892 年に書かれた F. マイヤー[53]による不変式論の 200 頁を超えるサーベイではヒルベルトの不変式論が最新の重要な結果として詳しく紹介されている.[54] このサーベイは当時大きな影響力を持ったと言われるが,マイヤーはヒルベルトの結果を無条件には許容せず,任意の無限列についての考察を用いるゆえに,ヒルベルトの方法がカントールの実数論と同じく数学基礎論的議論を

---

[53] Friedrich Wilhelm Franz Meyer (1856-1934):ドイツの数学者.代数幾何,不変式論を中心に百以上の論文を書いたが,ヒルベルトの不変式論により多くが「無意味」となったという.

[54] Franz Meyer, Bericht über den gegenwärtigen Stand der Invariantentheorie, pp.79-291, in *Jahresbericht der Deutschen Mathematiker-Vereinigung*, Band 1(1890-91), 1892.

必要とすると，注意している．さらに，そういう方法を拒否する科学的傾向が存在するとも，書いている．[55]

このような「拒否反応」はあったものの，一般有限性定理の非構成的証明は，有限性や計算にこだわらない証明が，いかに数学の本質を体現し，そのゆえに単純で理解しやすいかを極めて強く印象づけた．カントールの数学の場合と異なり，それは当時の数学の中心に位置していた大問題の素晴らしい解決だったからである．その印象の鮮やかさを，ヒルベルトの伝記作家 C. Reid は「ゴルディオスの結び目」の逸話に喩えた．ゴルディオスの結び目は，それを解く者がアジアの王となるという伝説上の結び目だが，アレキサンダー大王は，これを剣で切断して「解いた」のである．ヒルベルトの神学は，伝統や先入観にとらわれない，まさにアレキサンダーの剣の一振りだった．

ヒルベルトの「神学」は，彼が「アジアの王」たることも証明した．それは不変式論という特定の領域だけでなく代数学全体を変えたのである．ヒルベルトの方法は，E. Noether などにより，代数学一般に応用され，代数学のほぼ全体がデーデキント–ヒルベルト的に書き換えられたのである．そのため 20 世紀のほぼ全期を通して，多くの代数学者は代数学における計算論的側面を無視し続けることになった．計算は「悪」，計算を使わない思考による数学は「善」という単

---

[55] 脚注 54 論文，p.144 の脚注に書かれている．

純な世界観が数学の世界を支配してしまったと言ってよい．しかも，この極端な方向転換が何ら問題を引き起こさないほど，計算無視の非構成的数学は豊かな数学の成果を提供し続けたのである．繰り返しになるが，その意味で，デーデキントは正しくクロネカーは間違っていたのである．

4.8 無限と有限の融合

しかしこれは，クロネカー的計算が絶対的に「悪」で，デーデキント-ヒルベルト的非計算が単純に「善」だということではない．この当時の状況では，新しい方法が古い方法より圧倒的に生産性が大きかったというだけだ．クロネカー的方法には具体性(構成可能性)という，それ自身の持つ価値がある．計算と言えば手計算だった時代には，絵に描いた餅だったゴルダンたちのアルゴリズムは，コンピュータの登場により現実的に実行可能となり，コンピュータ代数学という新分野の研究対象となっている．再び計算と論理についての「価値観」が逆転しつつあるのかもしれない．科学方法論の(生産性の)優劣も歴史的コンテキストを無視しては語れないのである．

ヒルベルトの数学ノートには数式と計算による数学への否定的見解が驚くほど多く書き記されている．曰く「数式は思惟を表現できるだけで，それを置き換えることも助けることもできない．工業製品—手工業」[56]，「思惟の対象となるものは，すべて数学の対象となる．数学は計算の技法[Kunst]で

はない．数学は非計算の技法だ」[57]．現代ではコンピュータによる計算を忌避すれば，せっかく可能な数学の進歩が邪魔されるだろう．当時は逆の状況にあった．計算へのこだわりは進歩への障害だったのである．

しかしこれは，計算を数学の世界から完全に排除すべきだという意見ではない．ヒルベルトが言ったのは「計算だけにこだわるな」ということだ．計算と論理，有限と無限は数学の両輪なのである．ヒルベルトは「$n!$ の計算に必要とされる演算の回数などの，計算についての理論を建設せよ」[58]という現代的なノートも書き残しているように，計算について並々ならぬ興味を持っていた．また，計算無視の方法を発明するまでの彼の論文はクロネカー–ゴルダン的な計算に満ちている．実は，それ以後でさえ，彼の学生ブルーメンタール[59]が指摘したように，後世の目からみれば，彼の論文は技巧的計算に満ち満ちているのである．ヒルベルトは計算の名手であった．

数学における計算の価値を知っていたヒルベルトは，零点定理と呼ばれる定理を導入し，一般有限性定理をそれで置き換えることにより，ゴルダン問題の構成的な別証明を与

---

[56] Cod. Ms. Hilbert 600:1, p.34.
[57] Cod. Ms. Hilbert. 600:2, p.103.
[58] Cod. Ms. Hilbert 600:2, pp.0-1(左頁).
[59] Ludwig Otto Blumenthal(1876-1944)：ドイツの数学者．ヒルベルトの最初の弟子といわれる．ユダヤ人．ボヘミヤの強制収容所で病没．

えた．この成果は1893年の論文で発表された．以後，1890年の論文を**無限版論文**，1893年のこの論文を**有限版論文**と呼ぶことにしよう．

有限版論文で登場した零点定理も，ゴルダン定理の証明を有限化する（構成的にする）という以上の数学的意味を持っており，現代代数学の基礎の一つとなっている．そのため現代では，零点定理の主目的のひとつが計算可能性にあったことは説明しない限り気づかれることはない．ヒルベルトは無限版論文で，代数学における無限的手法が，数学的に非常に実り多いものであることを証明しただけでなく，有限版論文で無限と有限を融合させることにも成功した．その後，この二つの論文の方法は，現代代数学の新パラダイムへと発展した．

4.9 「神学」と可解性

ヒルベルト不変式論について説明してきたが，それは可解性ノートと可解性思想の成立過程を説明するためであった．ヒルベルトの可解性ノートにおける可解性思想の成立には，彼の不変式論研究が深く関連していると考える根拠が多数存在する．まず，可解性ノートの記述の時期だが，その前後のノートで引用されている文献やヒルベルトがノートに書いた数学的結果が記載された論文の投稿日などにより，このノートが1888年3月から1891年6月までの間に書かれたのはほぼ確実である．また，前後のノートの個数と内容などから

推測すると，無限版論文の内容を得た後で，有限版論文の内容を得る前，おそらくは 1889 年初め頃までに書かれたと考えられる．その当時のヒルベルトは，本格的研究としては不変式論以外に行っていない．

さらに，ある数学的前提を置くと，ヒルベルトの「神学」と可解性ノートの主張は実質的に同じものであることが，数学的に証明できる．その前提とは，可解性ノートの「計算操作」を現代の計算理論（先に述べた再帰的関数論）で，列から列への計算の定義の標準として使われる Kleene の計算可能汎関数[60]と解釈することである．この前提があれば，可解性ノートの「ある列 (β) の中に 0 が出てくるか，あるいは全ての列 (β) が 1 のみでできているか」を判定する問題を解くことは，自然数列中の最小値を見つけ出すことと本質的には同じことなのである．[61]

可解性ノートの 10 頁ほど前には，要約すると「他の科学においては，その構成要素の由来を知ることができないが[62]，数学ではそれを知ることができる．カントはそれを最初に主張したが証明はしなかった（nicht beweisen）」とい

---

[60] Kreisel の連続汎関数とも言う．計算機科学で「ストリーム計算」と呼ばれるものと同じものである．

[61] (β) の数の最小値を m とすれば $m=0$ であることと「列 (β) の中に 0 が出てくる」ことは同値になる．この事実と「出力列の各要素の計算には，入力列の最初の有限個の要素だけが使われる」という Kleene の計算可能汎関数の性質から，このことが言える．

[62] これはデュ・ボア・レイモンの不可知論の承認である．

う意味のノートがある.[63] このノートの二つ前には,「人間理性の公理について」というノートがあり,後から追加したらしい小さな文字で「おそらく,すべての問題は解決できる(lösbar)？」と書かれている.不明瞭ではあるが可解性を連想させる主張である.

可解性ノートより頁数ではかなり後になるが,時間的には,それほど離れていないと思われるノートには,後のヒルベルト公理論を彷彿させる「机,黒板の数学」という考えが記載されている(4.13 参照).またその直前のノートでは,デュ・ボア・レイモンのイグノラビムスを明瞭に否定する「ノスケムス」(Noscemus：我々は知るであろう)というラテン語の文章も使って,数学における不可知論を否定している.[64] これらのノートは,この不変式論研究の時期にヒルベルトが数学の基礎について真剣な哲学的考察を行っていたことを示し,また,デュ・ボア・レイモンのイグノラビムスへの反論が,すでにその考察の重要な要素になっていたことを示している.

「ノスケムス」の数頁後には次のようなノートがある：「ゴルダンに言うこと：あなたがやってきた時,私はそれがゴルダン教授かそうでないか知ることができる.しかし,あなたは,第 3 番(drittens)の可能性を言う.やってきた人が,ど

---

[63] Cod. Ms. Hilbert 600:1, p.28.
[64] Cod. Ms. Hilbert 600:1, p.72.

ちらでもないというのだ.」[65] このノートの後半は,自身の不変式論とゴルダンの不変式論についての議論に変わり,自分の方法を楕円関数論の場合と比べたり,気球の発明が航空技術の発展を阻害したように,記号計算的不変式論(ゴルダンたちの理論)が自分の不変式論より先に発明されたことが不変式論の進歩を阻害したと書かれている.後半からすると,これも不変式論についてのノートである.このノートや先の可解性ノート,後の基礎論論文などでの不変式論への言及などから,これは1890年のゴルダンの「神学」批判への反論と考えられる.

「神学」の方法では,実際に正しい答えを「知った」としても,人間の力では「最小数だ」とも,「最小数でない」とも断定できない.信じるだけである.アリストテレス以来の西洋論理学には,「どんな命題も,正しいか,正しくないかのどちらかである」という排中律と呼ばれる規則がある.正しいという第1のケースと正しくないという第2のケースがあり,それ以外の第3の中間的ケースがないというのが,排中律であり,ドイツ語では,「不可能な第3のケースの法則」(Satz vom ausgeschlossenen Dritten)という.排中律によれば,「神学」のように数を書き換えていくとき,現在,目の前の紙片上に出てきている数は,たとえ自分が知らなくても,最小か最小でないかのどちらかである,ということに

---

[65] Cod. Ms. Hilbert 600:1, p.76.

なるが「ゴルダンは，どちらでもなく第3であるというのか．会えばわかるではないか」というのが，ヒルベルトのゴルダンへの「反論」だったと思われる．

しかし，ヒルベルトの「反論」は必ずしも妥当ではない．ヒルベルトが可解性ノートでは排除した，サイコロを振って作る列ならば，サイコロの目の出方が予測不可能である以上，今紙片の上にある数が最小数かどうかは判断できない．不変式論の場合のように規則で決まった列でも，その規則のことがよく判っていなければ，第1か第2か，つまり正しいか正しくないかは，すぐ答えられないこともある．例えば，現在のところ，6以上の偶数は，$6 = 3 + 3, 8 = 3 + 5$, $\cdots$ のように二つの素数の和で表せることが経験的に知られている．しかし，これが本当に成り立つかどうかは解決できておらず，ゴールドバッハ予想という有名な数学の未解決問題になっている．

そこで，6から数えてm番目までのすべての偶数が二つの素数の和で表せたら$a_m = 1$，表せなかったら$a_m = 0$として，列$a_1, a_2, \cdots$を定義すると，それは$1, 1, \cdots$となる．2番目の1まで見た段階では紙片の上の数は1だ．ここまでならば，1が最小数なのである．これが本当に無限の列全体の最小数なのかどうかを知ることと，ゴールドバッハ問題の真偽を知ることは同じことになる．

問題は例えばa_{99}が最小だったとしても，それを確かめるには，$a_{99} \leq a_1, a_{99} \leq a_2, \cdots$のように無限個の条件を

調べなければならないことにある．「人がやってきたら，ゴルダンだかどうかわかる」という風な議論は無限個の対象を扱う数学の場合は使えないのである．

実は，これこそが後の排中律を巡るブラウワーとヒルベルトの論戦の争点だった．直観主義者ブラウワーは有限の人間には無限の条件を調べる能力がないので，紙片上の数が最小値かどうかは「知りえない」とした．そして，「A または B」という命題の意味を「A か B のどちらであるかを知りえる」ことと解釈し，「紙片上の数は最小値であるか，最小値でないかのどちらかである」という排中律は成り立たないとしたのである．これが彼の有名な「排中律の否定」(5.6 参照)の基本的アイデアである．円周率に現れる 10 個の 7 や，円積問題への言及からすると，ヒルベルトも 30 年以前の可解性ノートの時点で同様の問題に気がついていたと考えられる．しかし，ヒルベルトは，ブラウワーとは対照的に，「問題がある」というだけにとどめ，すべての数学問題の可解性を唱えたのである．

後にヒルベルトをブラウワーとの論争に巻き込むことにもなる，この「決断」が代数学に爆発的発展をもたらす原動力の一つとなった．この決断の時期に，ヒルベルトが不変式論の「神学」を巡って，数学の基礎と方法論に関する深い思索を行っていたことは間違いない．そして，この時期の史料に直截的な表現さえないものの，多くの史料は，ヒルベルトの数学基礎論思想の源流は可解性思想であり，さらには彼の不

変式論研究だったことを物語っている．

　後で詳しく説明するように，実は後の時代に，ヒルベルト自身がそういう意味にとれる発言を何度も繰り返しているのである．5.8 で説明するように，例えば，1905 年の数学基礎論の講義では「イグノラビムスが無いことを証明するのが自分の数学基礎論研究のもともとの動機だ」とはっきり発言している．また，1917 年に彼がヒルベルト計画を発進させようとしていたとき，彼は自らの数学基礎論を若き日の不変式論に関連づけて説明したのである．ヒルベルトはアルゴリズム無視の無限版論文を，アルゴリズムの存在する有限版論文に書き換えることに成功したという話を，有限で無限を克服した事例として説明した．また，その説明をヒルベルト計画の時代の講演や論文で繰り返したのである．

　不変式論とヒルベルトの前期・後期形式主義の類似点は，驚くほど多い．例えば，数式だけが「数学的対象」や「数学的関係」を記述するものだというクロネカー的な立場に立つと，ヒルベルトの零点定理は，集合論的に正しい論理式は，必ず形式系で有限的に証明できるという，形式系の完全性として理解することができる．ヒルベルトが 1920 年代に試みた無矛盾性証明は，一般有限性定理の特徴である学習理論的な帰納推論のプロセスと酷似している（5.15 参照）．

　ヒルベルト不変式論が彼の数学の基礎付けへの関与の切っかけであっただけでなく，おそらく，ヒルベルトの基礎論思想自体が，意識的あるいは無意識的に，彼の不変式論をモデ

ルにしていたのだろう．ヒルベルトがはっきりとそう書いたものが残っているわけではないので，これはあくまで状況証拠による推測であるが，この推測が正しいとすれば，ヒルベルトにまつわる謎のいくつかが氷解する．そのうちで特に重要と思われるものを一つだけ紹介しておこう．

ヒルベルトが可解性を「すべての数学の問題を解くアルゴリズムの存在」として捉えていた可能性は排除できない．というよりおそらくそう捉えていたはずである．しかし，これはパリ講演などに見る彼の数学への態度に抵触するようにみえる（4.1 参照）．この意味の可解性は必勝法が見つかるということだから，それでは数学がつまらないゲームになってしまうからである．

しかし，ゴルダン・アルゴリズムが実質的に計算不可能であることをヒルベルトが知っていたことを思い出せば，こういうアルゴリズムの存在は彼には何の問題でもなくなることが判る．ヒルベルトはゴルダン・アルゴリズムが絵に描いた餅だったことを知っていたのである．それとのアナロジーで考えれば，全数学の解法アルゴリズムが存在しても，それは複雑なアルゴリズムであるはずだから，それでは数学の問題は現実的には一向に解けないはずなのである．したがって数学がつまらないゲームに転落することはない．実際，アッカーマンとの共著書で，ヒルベルトは述語論理の決定方法について，これと同じ意味のことを明瞭に述べている．[66] 5.8 で説明する「公理的思惟」という講演でも，同じ意味のこと

を，Rohn という数学者の代数幾何学の仕事を例に詳しく論じている．この解説で詳しく論じることはできないが，ヒルベルトの可解性思想は，単純な人間中心主義などではなく，人間の現実的有限性を逆手にとった，「可能性としての無限界性」への信念なのである．

4.10 哲学か？ 数学か？

歴史の流れに沿って話を進める前に，ここで「神学」と可解性思想の関連について一つの問題を提起しておきたい．革命と呼ばれるほどの新科学理論の創出には，その創始者の「哲学」や個性が関与していることが多い．多くの場合，新理論は熟した実が枝から落ちるように，時期が到来して自然に生み出されるものなのだが，それがある個人によってなされるには，理由がある場合が多い．新理論がその発明者として適した思想を持つ個人を「選ぶ」のである．

ヒルベルトの場合，当時のドイツ知識人として持っていたカント哲学への彼なりの理解が，その数学思想に何らかの影響を与えていたことは彼の数学ノートから間違いなさそうだ．ヒルベルトは，カントの生地ケーニヒスベルクで生まれ育ち，またケーニヒスベルクを深く愛していた．そして，彼の母はカントを畏敬しており，ヒルベルトはその影響を受けたと言われている．

---

[66] D. Hilbert und W. Ackermann, Grundzüge der Theoretischen Logik, 1928, pp.73-74.

他方で，彼の数学観，つまり数学の哲学が，彼の数学の実践から影響を受けたことも間違いない．彼の不変式論，可解性思想，カント哲学は，どのように影響を及ぼしあったのだろうか．これは「思想」と科学の関係を考えるときに，実に興味深い問題なのである．今まで述べたノートの順番からすると，カントについてのノート(哲学)の後に可解性ノート(数学)がくる．ヒルベルトは，1888年3月に2変数のゴルダン定理の非常に短い別証明を発見したが，それに言及したノート[67]や，色々な状況証拠から考えると可解性ノートは，一般ゴルダン定理の解決の直後に書かれたと思われる．

 さらに興味深いのは，それらよりも早い時期に，ヒルベルトの23の問題の10番目の問題「整数係数多項式の整数解の存在を決定する方法を示せ」が，数学ノートに書かれているという事実である．[68] ヒルベルトがクロネカーと同じように，すべての純粋数学が整数論，正確に言えばクロネカーのモズル理論，に還元できると信じていたとしたら，この問題が解けることは数学の可解性を意味するからである．[69] 19世紀数学革命とゲーデルにいたる数学基礎論史の重要なステップであったヒルベルトの不変式論と可解性思想は，哲学といかなる関係にあったのだろうか．哲学が先だったか，数学

---

[67] Cod. Ms. Hilbert 600:1, p.33.
[68] Cod. Ms. Hilbert 600:1, p.7.
[69] 第10問題の命題は計算論的に「神学」と同値である．ただし，これは当時の知識では判らなかったろう．

が先だったか．それとも，両者は解きほぐすことができないほど複雑に絡み合っていたのか．これは今後解明されるべき重要な問題である．（「9　あとがき」補遺参照.）

4.11　数学存在三段階論

　ヒルベルトは不変式論により大数学者への道を歩み始めた．不変式論の重要な問題は有限版論文ですべて片付いたと考えたヒルベルトは，不変式論の研究を止め新たな分野に進出を始めた．有限版論文が出版された1893年，ヒルベルトはドイツ数学者協会から整数論の現状報告の執筆を依頼された．これが後の「幾何学基礎論」とともにヒルベルトの数学的業績として名高い「数論報告」である．数論報告の執筆途中の1895年，ヒルベルトは，ドイツ数学の中心の一つだったゲッチンゲン大学の教授として迎えられる．その後も執筆は継続され，数論報告が完成されたのは1897年のことだった．しかし，完成したものは依頼された「報告」とは大きく異なっていた．それは，当時の主流だったクンマー–クロネカー流の数式・計算中心の整数論の現状報告ではなく，それをデーデキント流のイデアル論で書き換えたヒルベルト自身の新理論の報告だったのである．4月10日に書き終えた「数論報告」の前書きで，ヒルベルトは，この新しい方法を，ゲッチンゲン大学の数学者リーマン[70]の**概念と思考による方法**であると呼び，このリーマンの方法こそが正しい数学の道であると宣言した．

リーマンはデーデキントの親友で，デーデキントとともに**概念と思考による数学**の嚆矢といえる人である．概念と思考による数学とは，イデアル論や一般有限性定理に代表されるような，「数式と計算を避けて，大胆に新しい概念と推論により数学を進める方法」である．この解説で無限的方法とか，集合論と論理による方法と呼んでいる，カントール-デーデキント-ヒルベルト流の数学と，ほぼ同一のものである．しかし若くして亡くなったリーマンの時代には，集合論はなかった．だから，リーマンは，リーマン面などの空想的とも言える数学概念を自由に駆使して数学を行ったのであるが，それはカントールの集合論以上に哲学的恣意性を含んでいたと言える．

リーマンの死後登場した集合論は，概念と思考の数学の哲学的恣意性のすべてを，集合という言語のみに押し込むことを可能とした．このことを実数の発生学とイデアル論で実証してみせたのが，リーマンの親友デーデキントだったと言える．[71] この書き換え作業こそが，集合論受容の歴史であり，

---

[70] Georg Friedrich Bernhard Riemann (1826-1866) ドイツの数学者．一般相対性理論のための数学として名高いリーマン幾何学の創始者．幾何学に留まらず多くの革命的で重要な研究を行った．

[71] この視点は，ドイツの数学史家，Detlef Laugwitz (文献[7])によるものである．この視点は高く評価されなくてはならない．ただし，Laugwitz は，この革命の「数学の近代的標準化」としての側面を無視しており，その結果，デーデキント，カントール，ヒルベルトの本当の役割の評価に失敗している．

ヒルベルトは，数論報告前書きで，自らが，その歴史に極めて大きな一歩を付け加えたことを宣言した，と言える．数学における無限性，特に集合論と計算無視の数学理論は，概念と思考の数学という極めて強力な数学生産装置を数学者に提供することを，ヒルベルトは，今度は整数論の世界で実証してみせたのである．その勝利宣言が，数論報告の前書きであった．

その前書きを書き終えてすぐ後の4月27日から，ヒルベルトは，不変式論の講義を始める．[72] それは数論報告で，また，一歩，無限数学を前進させたヒルベルトが，彼の方法論のルーツを確認するかのような講義だった．彼は自らの不変式論の発展を，ほぼ時間順に追いながら講義を進めた．そして，1897年7月13日の講義では，無限版証明から有限版証明への進化という，彼の不変試論の一大特徴を，次のようなアナロジーで説明したのである．

数学における存在の証明には三つの段階がある．まず，第1段階では，一般有限性定理のように，存在性だけを純粋に証明する．例えば，π の小数展開の中に10個の1，つまり，1111111111 が現れるということを示す場合ならば，それが何桁目に現れるかは気にせずに存在することだけを示す．第2段階では，その解がどこに現れるか，例で言えば，10個の1が N 桁目までに現れるような N を数学理論を使って

---

[72] 講義録の英訳：D. Hilbert, Theory of Algebraic Invariants, Cambridge University Press, 1993.

実際に求める. そして, 第3段階で, 1111111111 の最初の
1が現れる桁 N_1 を, 実際に計算するのである.

10個の7が, 10個の1になっているものの可解性ノートと同じ例が使われている. しかしその講義では, 可解性の信念には全く触れていない. 彼は「自分はゴルダン問題をこう解いた. 数学における存在定理への数学者の研究態度は, こうあるべきだ」とだけ学生に説いたのである. それは数学者のあるべき研究態度を示すための数学論であり, 存在論や認識論としての数学論ではない. この講義では, 1890年頃の可解性ノートや, パリ講演に見られるような哲学的信念の主張はない. 第2と第3段階しかなかった代数学に, 第1段階という強力な武器を導入し, 不変式論や整数論に革命を起こしたヒルベルトにしてみれば, 可解性の信念のような危険な思想に触れる理由はなかっただろう. クロネカーは6年前に死去し, ゴルダンはヒルベルトの方法を認めるようになっていた. 時代は彼のために流れているようなものだったから, ヒルベルトは自らの信念に基づいて日々の数学に打ち込めば十分だった. 彼は行く手に何の障害も見出さなかったろう. 少なくとも, 2ヶ月後の1897年9月までは.

4.12 ヒルベルトのパラドックス

すでに説明したとおり, この2ヶ月後の9月に, ヒルベルトはカントールから集合論のパラドックスについての手紙を受けとった. カントールのパラドックスを世界で最初に聞

いたのはヒルベルトだったろう．この頃，まだ異端扱いが残っていたカントールの集合論を，ヒルベルトは数学的には関係のない数論報告の前書きでも称揚している．ヒルベルトは集合論が概念と思考の数学，無限数学のための最良の記述言語であることを，理解していただろう．しかし，その言語に破綻があるというのだ．それは，あたかもクロネカーが亡霊となって現れたかのような出来事だった．

カントールの手紙がヒルベルトにより報告され，ゲッチンゲンの数学者や哲学者がパラドックスの問題に取り組んだことはすでに述べたが，ヒルベルト自身も，この問題に取り組んでいる．1905年の，数学の基礎に関する講義の未発表講義録によると，彼は，カントールやツェルメロのパラドックスは論理学的・集合論的なものであり，直接数学で使われるような議論からパラドックスが生じたわけではないと考えたらしい．それならば，この問題を不問に付すこともできたろう．しかしヒルベルトは，彼が通常の数学のために使いたいと思う操作のみからなるパラドックスを自分で発見してしまったのである．ドイツの哲学者 Peckhaus により「ヒルベルトのパラドックス」と名づけられたこのパラドックスは，現代的視点からみると相当に奇妙な議論を使うものであるが，[73] ヒルベルトにとっては，この「数学的パラドックス」の発見は非常にショックだったようだ．1905年の講義録でこのパラドックスに触れたときには，「自分は，一度，クロネカーは正しかったのではないかと思った」とまで言ってい

る(文献[12])．しかしヒルベルトは，自分はすぐに解決策はあると思い直した，とも書いている．その解決策が「存在＝無矛盾性」の思想だったのである．

4.13 存在＝無矛盾性

ヒルベルトの無限数学救出の方法は，前期形式主義の柱の一つであった「存在＝無矛盾性」であった．「常識」では，これは彼の幾何学研究の中で編み出され，それから「数の概念について」で算術，代数へと適用されたとされる．しかし実際には，これも不変式論研究の影響が大きいと思われる．数学ノートからすると，この思想は，遅くとも1893-94年頃に考えついたと思われる．この頃はまだ，「数論報告」の時代である．しかも，それは幾何学の研究に触発されたものの，最初から代数の形をとっていたのである．

ヒルベルト幾何学の発展史については優れた研究があるが，その動機は，ほとんど調べられていない．唯一伝えられているのが，ヒルベルトの学生ブルーメンタールが書いた，「机，椅子，ビアマグの幾何学」の逸話である．1891年9月，ヒルベルトたちは，カントールがその設立に奔走したドイツ数学者協会の第2回年会に出席した．場所はカン

---

[73]次のような三つの性質を持つ U があると矛盾するという議論だった(文献[12])．(i) U は少なくとも一つ無限集合を要素として持つ，(ii)それまでに構成できた U の要素の和集合は U に属す，(iii) $M \in U$ ならば $M^M \in U$．ヒルベルトは条件(ii)を非常に不明瞭な意味で使った．

トールが勤務するハレ大学である．ヒルベルトは自分の不変式論について講演している．この会議でヒルベルトは，H. ウィーナー[74]という幾何学者の講演を聴いた．ウィーナーは射影幾何学の定理を例にとり，数学の証明は考察対象の内容に依存せず，その有限の証明の形式だけが問題であることを明瞭に主張したのである．

その旅行からの帰途，ベルリン駅で汽車を待ち合わせる間にヒルベルトが「点，線，面ではなく，机，椅子，ビアマグと言い換えても幾何学はできるのだね」と言ったという．つまり，点，線，面から，その「本来」の実体を剥ぎ取り，それらの関係性を規定するシステムとして把握することにより，実体を消失させた後でも，幾何学の本質は残る．幾何学とは，そういう形式的・構造的な学問だというのである．

この逸話はブルーメンタールが報告しただけで，ヒルベルト自身の手によっては，どこにも書き記されたものがないとされていた．しかし，筆者たちの数学ノートの調査によって，「机，黒板の数学」(黒板＝Tafel：ディナー・テーブルの意味もある)という考え方を記したノートが発見されている．このノートの「公理論」は後の公理論とは異なり「数学研究の対象となるシステムは人間が勝手にそのシステムへの帰属の条件を決めてよい」という考え方だった．後の公理論に比べると公理という言語の役割への注目が少なく，公理

---

[74] Hermann Ludwig Gustav Wiener(1857-1939)：ドイツの幾何学者．この講演当時はハレ大学私講師．

系なしで直接モデルを作るような考え方だったろうと思われる．ヒルベルトがそのシステムのメンバーとして書いたのは，点や線ではなく，数と関数であった．対象は幾何でなく代数・算術だった．[75] また有限版不変式論文では，不変式論のシステムの性質が公理系風に記述されていることを複数の数学史研究家が指摘している．ウィーナー講演以前に，ヒルベルトはシステムとしての数学を着想し，ウィーナー講演が切っかけとなって，それが公理論にまで進化したのだろう．

その後ヒルベルトは不変式論から離れ，様々な数学の分野の研究を始めるが，その一つが「数論報告」であった．その研究をスタートさせた1893年には，1899年の「幾何学基礎論」にいたる一連の幾何学講義も開始している．この数論と幾何学の研究の時代の直前，おそらくは1893年初め頃に，数学ノートにあらわれるのが，「存在とは，その概念を定義するメルクマール（公理）が自己矛盾しないことである」という，次のノートなのである．[76]

> 存在とは，その概念を定義している諸条件が相互に矛盾しないことを意味する．つまり，あるメルクマール（公理）を例外として，【それ以外のすべての公理から】その例外的公理に矛盾する命題を導出できないことである．しかしながら，日常生活では

---

[75] Cod. Ms. Hilbert 600:1, p.72.
[76] Cod. Ms. Hilbert, 600:2, p.18. 括弧【】の中は翻訳の際に補足した．

> 「存在」とは，格別に有用な物の記述［die Beschreibung der Dinge besonders förderlich sein］なので，例えば，神は存在しない．つまり，神が存在するという公理は，多くの場合の記述にとって不要［überflüssig］なのである．

これが現在までに発見されたヒルベルトの「存在＝無矛盾性」のテーゼの最も古い主張である．

ヒルベルトの「存在＝無矛盾性」のテーゼは大変有名であるが，この思想の成立がいつであったかには，幾つかの謎がある．例えば，1897 年のカントール・パラドックスの手紙以後，ヒルベルトとカントールは盛んに文通を行い，集合論のパラドックスについて議論している．その中で現れるのが，カントールの「無矛盾集合は存在する」という考え方である．これは，ヒルベルトが第 2 問題の説明の中で使ったのと同じ論法で，それが存在すると仮定しても矛盾を導かない集合は存在するという考え方である．

この無矛盾集合，あるいは，「完成した集合」(fertige Menge)という言葉は，ヒルベルトもカントールのものとして引用している．これらのことからすると，先に触れたノートの存在を知らなければ，ヒルベルトの「存在＝無矛盾性」はカントールのアイデアから影響を受けたとみる方が自然だろう．しかし，ヒルベルトのノートからすると，曖昧な考えであった可能性はあるが，ヒルベルトはカントールと議論する前から，このテーゼを考えついていた可能性が高いのであ

る．あまりありそうではないが，ヒルベルトの方が，最初にカントールに，このアイデアを仄めかして，議論を主導した可能性さえ完全には否定できない．残念ながら，ヒルベルトからカントールへの書簡が第二次世界大戦後の混乱の中で失われたために，カントールとヒルベルトのうち，どちらが，このテーゼを主導したかという問題に決着をつけることは困難と思われる．[77]

しかし，この問題に決着をつける必要はないのかもしれない．デーデキントは「存在＝無矛盾性」のテーゼに非常に近い考え方をしていたことが知られているし，フランスでは，クロネカーの影響下にあった微分代数研究者 J. Drach が「存在＝無矛盾性」のテーゼを 1898 年に提唱し，それがフランスでの基礎論研究の中心だった E. Borel, H. Lebesgue たちに大きな影響を与えたことが指摘されている．また，これより半世紀近く前，ブール代数で著名なイギリスの G. ブールが，無矛盾性という言葉は使わないものの，それと類似な考え方を著書「思考の法則」の中で展開している．クロネカーの狭義算術化の考えも，これに類したものであるから，ヒルベルトの可解性とは異なり，「存在＝無矛盾性」という機能主義的思想は，19 世紀後半の時代精神だったと考える方が妥当だろう．[78] そして，ヒルベルトは，その時代精神を洗練し，彼が信じる無限数学を，その基礎の危機から

---

[77] 1900 年代のフレーゲとの論争が公理論の基礎となったという分析哲学などの古くからの見方もあるが，これには根拠がない．

救おうとしたと考えるのが，妥当なのではないだろうか．

　ヒルベルトの存在論のテーゼが，どのように生まれ出たかは別として，少なくともその芽生えが，不変式論時代かその直後の代数的整数論時代に生まれていたことは，注目に値する．ヒルベルトの数学基礎論への関与は，数学技術の二大要素である計算と論理が，当時最も複雑に絡み合っていた場所で，生じるべくして生じたのである．そして，ヒルベルトの数学革命の成功により，その関与の必要が薄れかけた頃，突然，亡霊のように集合論のパラドックスが登場した．それを放置しては，もちろん，せっかく順調に進行し始めたヒルベルトの革命は揺らいでしまう．ヒルベルトは立ち上がるしかなかったろう．その反革命的「亡霊」への対抗策としてヒルベルトが持ち出したのが，若き日の不変式論時代の二つの思想，可解性と無矛盾性だったのである．この後，数学の基礎付けは，この二つの思想を巡っての論争の時代，数学基礎論論争の時代に突入する．

---

[78]ヒルベルト，クロネカー，Drach は「無矛盾性」を証明すべきものと考えた．ブールは「無矛盾性」は経験的に得られるものと考えた．カントールは意見を鮮明にしていない．

5 数学基礎論論争 1904-1931

　数学基礎論は，数学自体への関心を超えて多くの人々を魅了する．その理由の一つは，「冷たい学問」だと認識され易い数学としては稀なほどの熱い論争，いわゆる「数学基礎論論争」が起きたことにあるだろう．数学の基礎自体に興味を持たなくても，この論争に興味を持つ人は少なくない．

　いわゆる数学基礎論論争の構造は，実に複雑かつ豊かであり，その登場人物も数学者，哲学者を中心に極めて多い．簡単な解説では，これをヒルベルトの形式主義，ラッセルの論理主義，ブラウワーの直観主義という三派の闘いに単純化してしまうのが通例である．もう少し詳しくても，Borel などのフランス経験主義者の逸話を挿入する程度であろう．しかし実際には，ヒルベルトのパリ講演以後にだけ限定しても，J. König, Th. Skolem などの数学者や，O. Becker, L. Nelson などの哲学者と，これらの三派の「代表選手」との間で，さまざまな論争や議論が行われていたことが知られている．もし解明が進んだとしても，その複雑な歴史を簡単に俯瞰することなど不可能だろう．

　そこで，この解説では，この複雑な歴史の極く一部分を，主に論争の「勝者」ヒルベルトの立場から描く．その立場から見れば「論争の時代」とは，非計算的数学という革命を起こしたはずのヒルベルトが，集合論のパラドックスという

危機と，それに伴って起きた反革命を，数学的かつ政治的に捻じ伏せる歴史として，理解することができる．反革命鎮圧のためにヒルベルトが用いた武器が，20世紀の新数理論理学の助けを得て洗練化された公理論，いわゆる証明論であった．しかし，ヒルベルトの全面的勝利が達成されると見えた時，論争を闘った主要な立場のどれにも属さなかったゲーデルによって，その勝者もが葬り去られ，さらには数学の基礎付けという論争の目標自体が「無意味」になってしまったのである．

つまりこの論争には，真の勝者はいない．簡単な解説では，この点が曖昧にされることがあるので，特に注意しておきたい．もう一つ注意しておきたいことは，1960年代以後の地道な数学基礎論研究により，この論争には真の敗者もいなかったことが実証されつつあるということだ．

ヒルベルトに倒されたブラウワー直観主義も，ゲーデルに葬り去られたヒルベルト形式主義も，100パーセントではないが70-80パーセントは正しかったのである．これはゲーデルの定理のような華々しいイベントではなく，細かい改善の積み重ねの連続で実証されつつある事実であるため，一般の興味を引かず，一部の専門家の間でしか知られていない．しかしこの事実は，ゲーデルの定理の数学論的意味を考えるときには極めて重要なので，章を改めて6.5で説明する．

5.1 ハイデルベルク講演

ヒルベルトは1900年のパリ講演で，実数論の無矛盾性証明を彼の23の問題の第2問題とした．つまり，これは難問だということである．しかし，前年に書かれた「数の概念について」では，発生学的な基礎付けを少し変更すれば無矛盾性証明は簡単にできると，コメントしている．ヒルベルトの最初の構想がどんなものであったかは判っていない．ヒルベルトは，1899年秋から，1900年の夏までの間に，当時行われていた無矛盾性証明の方法に本質的な変更が必要であることに気づいたようだ．

これ以前のヒルベルトは，主に解析幾何学的手法を使って，ユークリッド幾何学や非ユークリッド幾何学のモデルを作り，それで無矛盾性証明を行った．もしユークリッド幾何学や非ユークリッド幾何学の公理から矛盾を導く証明があれば，その矛盾は解析幾何学的モデルでも成り立つこととなり，結果として実数の世界に矛盾が翻訳されたことになる．そこで実数の世界が無矛盾であると仮定するならば，これらの幾何学の公理系の無矛盾性は，実数論の公理系の無矛盾性に還元されたことになる．これがヒルベルトの無矛盾性証明の根拠だった．しかし，数学の基礎付けに使う場合，この方法には大きな欠点がある．モデルの作成に集合論や無限算術が必要だったのである．ヒルベルトの実数論の公理系の最後の公理群，「連続性の公理」は，装いを変えてはいるが実は，先にも説明した無限算術の「実数の連続性」，つまり，クロ

ネカーが最も問題にした原理,そのものなのである.その結果,モデルを構築する際には無限集合が本質的に必要となる.

もしパラドックスが発生していなかったら,クロネカーの思想には与しないと宣言して,無限集合論を使い数学に専念すればよいだろう.しかし,今回の無矛盾性証明の目的は,パラドックスが生じた無限集合論,および,それと表裏一体の関係にある無限的実数算術を,クロネカーたちの批判から救い出すという認識論的問題なのである.疑惑の渦中の集合論と無限算術を使って無矛盾性を証明できたとしても目的は達成できない.第2問題のような哲学的問題は別の方法で解く必要があったのである.この問題を克服するために,ヒルベルトは公理系のモデルを作るのではなく,円積問題や5次方程式の問題のときのように,公理からの有限回の論理推論の連なりとして表現できる証明を直接に分析することを考えた.クロネカーの有限算術化の場合,「証明」とは基本的には代数計算による有限回の等式変形であるから,有限的に表現することが可能である.同様に,公理という有限的表現から,論理推論という操作を有限回繰り返してできる証明も有限の表現であり,それを完全に把握して分析できる.

ハイデルベルクで開催された1904年の第3回国際数学者会議での講演で,ヒルベルトは,初めてこの方法を示した.この講演でヒルベルトは,自然数と,超限数の公理系を使い,彼の方法を説明しようとした.この公理系は1920年代

の形式系の嚆矢というべきものだったが,極めて未成熟だったために,多くの誤解を発生させた.これをポジティブに受け取ったのは,J. König などの少数の数学者だけだといわれている.しかしそれでも,この講演は,彼の後の証明論の基本的考え方がほぼ出揃っているという点で,非常に重要なものである.

ヒルベルトのこの新しい考え方を理解することは,後に定義されることになる形式系の考え方の意図を知るために重要なので,例を使ってその考え方を再現してみよう.しばらく説明が大変数学的になる.数理論理学の勉強をしたことが無い読者には難しすぎるはずである.この部分の詳細は理解できなくても,「式」や「証明」の人工物としての定義の雰囲気だけ理解して,後のポアンカレの批判に飛んでも大丈夫だろう.[79]

ヒルベルトがハイデルベルク講演で使ったものを基にした公理系を定義する.ただし,その提示の方法は現代的にしてある.1904 年の講演では,現代ならば構文論的対象と呼ぶものが,思考物(Gedankending),あるいは,物(Ding)という哲学的な用語で呼ばれていた.以下では,それを 1920 年代以後のヒルベルトの方法に従い「式」と呼び,また

---

[79] この部分は形式系の説明である.筆者たちの教育経験からすると,形式系を理解したと思っているが,実は全く誤解しているという人が大変に多い.形式系というものは,簡単な解説で説明できるようなものではないのである.雰囲気だけなら別だが,ちゃんと理解するには,数理論理学の教科書をジックリ勉強する以外にはない.

1920年代以後のように明瞭に定義してある.

では公理系を定義しよう. まず, 変数 $a_1, a_2, a_3, \cdots$ は超限数を表すとする. ただし, 自然数も超限数の一種と考える. また, 定数 $0, \omega$ は, それぞれ特定の超限数を表すとする. 超限数の演算は $f\alpha$ のみとする. ただし, ここで α と書いたのは項と呼ばれるもので, $ff\cdots f0$, $ff\cdots f\omega$, $ff\cdots fa_1$, $ff\cdots fa_2$, $ff\cdots fa_3$, $\cdots$ のいずれかのことであるとする. 以下, 項を $\alpha, \alpha_1, \alpha_2, \cdots$ のように書く.

二つの超限数の間には, $\alpha_1 < \alpha_2$ という関係があり, 次のような公理を満たすものとする: (1) $0 < f\alpha$, (2) $0 < \omega$, (3) $\alpha < f\alpha$, (4) $\alpha < \omega$ ならば $f\alpha < \omega$ である, (5) $\alpha_1 < \alpha_2$ であり, $\alpha_2 < \alpha_3$ であるならば, $\alpha_1 < \alpha_3$ である, (6) $\alpha < \alpha$ ではない.

公理系は意味を考える必要はなく, 条件さえ合えば勝手に解釈してよいのだが, **本来意図した意味がある場合は**, それを説明することが重要である. ここでも, 少し説明をしよう. ここでいう超限数の公理系は, カントールの超限数の理論の一番小さな部分を表す. 0 は自然数の 0 のことであり, f は「次の数」を表す. したがって, $f0, ff0$ は, 1, 2 のことである. ω は最初の超限数と呼ばれるもので, $0, 1, \cdots$ の後に来る最初の無限の数である. f を使えば, この ω から, $f\omega, ff\omega, \cdots$, のように一つずつ大きい超限数を際限なく作っていくことができる. 0 に f を n 回繰り返し適用した結果を, 簡単のために $f^n 0$ と省略して書く. 例えば, $fff0$

は $f^3 0$ である.$f^0 0$ は 0 自身のことである.同様に $f^n \omega$ などの記号も使う.

まず,モデルの方法を用いて,上記の公理系の無矛盾性を示してみよう.超限数の公理といっても,これは有限数と極く小さい超限数だけの公理なので簡単にモデルを作れる.まず,超限数とは,$(0, n)$ か $(1, n)$ という形の自然数の組だとする.f という演算は,(a, n) を $(a, n+1)$ に対応させる演算だとする.また,$(a, m) < (b, n)$ とは,(1) $a = b$ かつ $m < n$,(2) $a < b$,のどちらかの条件が成り立つこととする.こうすると公理が満たされることが簡単に判る.つまり,公理の「超限数」を上記の自然数の組とみなせば,公理の条件が成り立つのである.したがって,もし公理(1)–(6)から「$\omega < \omega$,かつ,$\omega < \omega$ でない」などのような矛盾を導くことができたら,それは $(0, n)$, $(1, n)$ という自然数の組の矛盾となってしまうのである.これはありえないので,公理系が無矛盾だとわかる.

次にこの公理系の無矛盾性を,ヒルベルトが1904年に提唱した方法で証明してみよう.そのためには,もう二種類決めなくてはならないものがある.公理系で許容する式と推論法則である.これらを**機械的**と言えるまで明瞭に定義して限定してしまうかどうかが,公理系が形式系であるか否かの分岐点となる.ゲーデルの論文の最後に追加された1963年のコメントが意味しているのは,その「機械的定義」の十分な定義(定義の定義!)は,ゲーデルの論文の後で登場したチ

ューリング[80]の論文で初めて十分に解明されたということである．現代の我々は，チューリングによる「機械的定義」の定義を当たり前のように思うが，この定義は容易なことではないのであり，ヒルベルトの講演では，これが実に曖昧だった．しかし，ここでは「後知恵」を使って，ほぼ形式系といってよいくらいの形で定義する．

まず，公理系の項とは，$f^n 0$, $f^n \omega$, $f^n a_m$ のどれかとする．原子式とは，$ff0 < f\omega$ のように "項<項" という形の表現だとする．式とは，原子式か，次の三つの形のどれかだとする：(1) "$ff0 < f\omega$ でない" のように原子式を否定したもの，(2) "$a < f\omega$ ならば $fa < \omega$", のように，一つの原子式を仮定して，もう一つの原子式を結論する条件文，そして，(3) "$ff0 < f\omega$ かつ $f\omega < a_1$ ならば $ff0 < a_1$" のように二つの原子式を仮定して，もう一つの原子式を結論する条件文．以上が，この公理系の「文」にあたる式である．1920年代に登場する本格的な形式系では，この部分が遥かに複雑になる．

最後に証明と推論規則の定義である．この公理系での証明とは，次の二つの**推論規則**のいずれかにしたがって，式を左から右に順番に有限個並べた「式の列」をいう．単に証明と

---

[80] Alan Mathison Turing (1912-1954)：イギリスの数学者．チューリング機械の理論，人工知能論などで著名．現代的な「計算概念」はチューリングにより確立されたと見るのが正しい．このため「チューリング計算可能性」という言葉がある．

書くと，普通の意味での証明と区別できないので，この公理系の意味での証明を【証明】と書くことにする．（規則 1）公理(1)-(6)の形の式は，【証明】の右端に並べてよい．ただし，まだ列に何もないときは「先頭」が右端である．（規則 2）次の二つの式がすでに【証明】の中に並べられているとする：" $\alpha_1 < \alpha_2$ "，および，" $\alpha_1 < \alpha_2$ であるならば $\alpha_3 < \alpha_4$ である"．そのときには，" $\alpha_3 < \alpha_4$ "を【証明】の右端に並べてよい．（規則 3）次の三つの式がすでに【証明】の中に並べられているとする．" $\alpha_1 < \alpha_2$ "，" $\alpha_3 < \alpha_4$ "，および，" $\alpha_1 < \alpha_2$ であり， $\alpha_3 < \alpha_4$ であるならば， $\alpha_5 < \alpha_6$ である"．そのときには，" $\alpha_5 < \alpha_6$ "を【証明】の右端に並べてよい．

推論規則は以上である．これらの規則だけを使ってできる【証明】の右端にある式は「公理系から証明可能」という．そして，もし，A という式とその否定の両方が証明可能ならば「公理系は矛盾している」という．示したいことは，そういうことが起きないということだ．上で定義したモデルの議論を使えば，【証明】を左から見ていくと，【証明】中の各式がモデルで「解釈」したときに必ず正しくなることが判る．A と，その否定の解釈が同時に正しくなることはないから，この公理系は矛盾することはない．

次に同じことをモデルを使わずに示してみよう．今の証明では，【証明】を左から順番に見ていって，出てくる式が，いずれもモデルで正しいことを確認することにより無矛盾性を証明した．今度も，同じようにするが，「モデルで正しい」

の代わりに、次の性質を使う：性質(*)「注目している式が$\alpha_1<\alpha_2$という形ならば、必ず、次の(i)–(iii)のどれかの形になる：(i) $f^n 0 < f^m \alpha$ (ただし、$m>n$)、(ii) $f^n 0 < f^m \omega$、(iii) $f^n \alpha < f^m \alpha$ (ただし、$m>n$でαは、$0, \omega$か変数).

(規則1)を使って並べた式は、公理(1), (2), (3)のどれを使ったかにより、それぞれ、(i), (ii), (iii)のケースになる。例えば、(規則3)を使って並べた式の場合、例えば、"$\alpha_1 < \alpha_2$"がケース(ii)の$f^2 0 < f^7 \omega$、"$\alpha_2 < \alpha_3$"がケース(iii)の$f^7 \omega < f^{11} \omega$であるならば、新たに置く式は、$f^2 0 < f^{11} \omega$となるが、これは(ii)のケースの式である。同様にして、すべての可能な組み合わせをチェックしてみると、(i)–(iii)の3パターンしかないことが判る。

性質(*)から次のようにして無矛盾性を証明できる。二つの【証明】P_1とP_2があって、P_2の結論がP_1の結論の否定だと仮定しよう。これが矛盾ということである。今考えた公理系では、否定がついた式が【証明】に現れるのは、公理の(6)を使うときだけだ。したがって、P_1の結論は、$\alpha_1 < \alpha_1$でないといけないが、上で証明した性質(*)により、これはありえない。よって、この公理系は無矛盾なのである。

この無矛盾性証明とモデルによる無矛盾性証明の違いは、モデルの方法では集合を使っているが、今の方法では集合を使っていないという点である。新しい証明方法では、「式の形」について語るだけで、集合を使わないで済ませている。この公理系の無矛盾性が極く簡単に証明できたのは、筆者た

ちがこの公理系を人為的に弱く作ったからだが，ヒルベルトの論文でも，これと似たり寄ったりの公理系の無矛盾性が証明されている．ところが，ヒルベルトは他の複雑な公理系，特に数学的帰納法にあたる公理を持つ自然数の公理系や，実数の公理系，さらに，カントールの超限数の理論さえも，同じような方法で無矛盾性が証明できると書いた．ゲーデルの定理からすれば，これらはすべて間違いである．証明の詳細が示されていなかったため，当時はヒルベルトの間違いを示すことはできなかった．しかし，このヒルベルトの証明には，証明の詳細が公表されていなくても指摘できる，もっと基本的な問題があった．フランスの数学者ポアンカレが指摘した方法論上の問題である．

5.2 フランスからの批判

ヨーロッパの数学史では，二人の巨人が数学界を睥睨(へいげい)していた時代が何度かある．最も有名なのは微積分学の時代のニュートンとライプニッツだろう．コーシーの時代には，コーシーより一回り年長のドイツのガウスがいた．ヒルベルトの時代の多くは，彼より一回り年長のフランスの数学者ポアンカレ[81]の時代と重なる．この二人は好対照の数学者だった．ポアンカレが弟子を全く持たなかったと言われるのに対し，ヒルベルトは多くの偉大な数学者を育てた．ポアンカレの講

---

[81] Jules Henri Poincaré (1854-1912)：数々の分野で重要な業績を残し，相対性理論の先駆とみなされることもある．

義は混乱していたが，ヒルベルトの講義では，助手や学生の協力を得て事前準備が行われ，書籍のように整然とした講義録も作られた．そのヒルベルトの非研究者向けの書籍となると無いに等しい．他方で，ポアンカレは非専門家向けの科学エッセイの名手で，彼の科学エッセイは現在でも読み継がれている．

そのポアンカレの科学エッセイの主要テーマの一つが，数学の基礎だった．ヒルベルトは数学が形式的に表現可能と考えたが，ポアンカレは懐疑的だった．ポアンカレたち論敵が，あまりにヒルベルトの形式主義的側面を強調したため，ヒルベルトが数学全体を内容のない形式であると思っていたというような俗説が流布しているが，ヒルベルトがそれとは反対の信念のもとで数学を行っていたことは，すでに説明した．ヒルベルトが強調したのは，数学者が行う絶えざる努力こそが数学だということだ．解決不可能と思われる難問に挑戦し，何とか解決の糸口を見つけ，それを頼りに最終的解決への道を切り開く．そういう人間的な困難への挑戦こそがヒルベルトの数学なのである．その点では，ポアンカレとヒルベルトの意見は何も変わらなかったろう．

しかしヒルベルトは，同時に，完成した数学は形式化できるとも考えた．それが，ヒルベルトのテーゼである．この可能性を許容するかどうかが，ヒルベルトのような形式主義と，それ以外の人々の考え方を大きく分けた．ポアンカレは，数学は常に人間が介在する必要があるもので，ヒルベル

トのような意味では形式的に扱えないと考えた．これが新しい数学理論を開拓するときの話であるとすれば，ヒルベルトもポアンカレに賛成したであろう．しかしヒルベルトは，そういう研究が進み，その数学の分野の構造がよく判ってきたとき，つまり，数学の研究の最後のフェーズでは，数学は「形式化」できると信じていた．理論の公理化である．公理的に理論が建設された後では，それは一切の人間的要素を取り払っても実行可能なものでなくてはならない．

　この数学観の違いは，後にヒルベルトとブラウワーの論争に引き継がれることになるが，この時点でのポアンカレのヒルベルト批判の最大のポイントは，数学的帰納法であった．自然数の公理系には数学的帰納法が必要である．これがないと十分な理論展開ができない．前述の公理系では $x<\omega$ となる数 x が自然数のつもりなのだが，それについて自然数の性質を十分に証明するためには，数学的帰納法を公理として追加する必要がある．1904 年の講演で，ヒルベルトは，その追加をしても，前述のような無矛盾性証明が可能だと言っているが，実際には証明を示さなかった．これに対してポアンカレは，証明出来るはずが無いと主張したのである．

　前述の無矛盾性証明には，【証明】の構造についての帰納法が使われている．【証明】は，（規則 1）によって置ける式を「出発点」として使い，[82]（規則 2, 3）を使って【証明】にすで

---

　[82]出発点とはいうが，すでにある式の後に規則 1 を使って式を置くことも許される．

に存在する式を「足がかり」として，新しい式を積み重ねるように「追加」している．

他方，例えばゲーデルの形式的体系 P では，自然数を 0 と次の数を取る演算 f で表現している．これは，0 という「出発点」からはじめ，すでにできた自然数 x を「足がかり」に，次の自然数 fx を「追加」しているのである．

ある条件が，「出発点」で正しく，「追加点」でも常に正しければ，すべての自然数はその条件を満たすことが確認できる．それが数学的帰納法である．そう考えれば前述の無矛盾性証明の論法も，出発点が複数あるなどの細部の異同を無視すれば，「数学的帰納法」なのである．なぜならその証明は，次のような形をしていたからである：(出発点)(規則1)でできる式は常に(i)-(iii)の形，(追加点)(規則2, 3)で追加される式は，すでに【証明】中にある $\alpha<\beta$ という式がすべて(i)-(iii)の形ならば，やはり(i)-(iii)の形である．

このように，出発点でチェックし，追加点でもすべてチェックすると，全部を証明したことになるという考え方を，一般に(数学的)帰納法という．したがって，もし，数学的帰納法を持つ公理系の無矛盾性を，ヒルベルトが提唱した方法で証明するならば，「帰納法で帰納法の無矛盾性を示す」という循環論法になってしまうのである．

ヒルベルトの無矛盾性証明は，パラドックスで信頼性を失った数学の健全さを，その公理系の無矛盾性証明により保証するという認識論的な目的を担っていたので，循環論法では

何ら意味がない．例えば，パラドックスを引き起こした集合論で，集合論の公理系の無矛盾性証明は容易にできてしまうのである．間違えているかもしれないものの正しさは，そのもの自身によっては保証できないのである．

ヒルベルトのパラドックス解決策を批判したポアンカレは，彼独自の考え方でこの「数学の危機」を乗り越えることを提唱した．ポアンカレは，一般の無限概念は認めず，「自然数個」までの無限概念は認めた．すなわち，$1, 2, 3, \cdots$ と果てしなく数え続けることは人が把握できる仮想行為であり，したがって，数学的帰納法も基本的な数学的論法として認める．しかしこの一線を越えること，例えば，カントールが考えたような，制限のない無限集合は数学的には考えられないとしたのである．この観点にたてば，数学的帰納法は人間がギリギリ使える無限の道具であり，これを数学的方法で正当化するというヒルベルトの試みは，無駄な努力だということなる．

自然数のような無限しか認めないという態度の底には，さらに，数学は「下からレンガを積み重ねるようにして積み上げて作るものだ」という思想があった．ポアンカレは，パラドックスの原因は「非可述的」な定義に由来する，とした．ある集合の定義が可述的というのは，集合概念全体に触れずに，その集合を定義できることである．例として，「偶数全体の集合」の定義を試みよう．「自然数 n が偶数である」とは，n が 2 の倍数である，すなわち，ある自然数 k によっ

て $n = 2 \times k$ と書ける，ということである．したがって，この定義を理解するには，集合一般とは何かというような問いを発する必要はないし，偶数集合は，$2, 4, 6, \cdots$ のように順に作り上げられていると思うことができる．

他方，集合を「物の集まり」という大らかな概念で考えれば，「集合全部を集めた集合」も一つの集合の定義にはなるが，これは非可述的定義である．この集合を s と書くことにすれば，s も集合であるから，「集められる」集合の一つでもあるはずだ．つまり，s は s を作る前から存在しなくてはならない．非可述的定義では，レンガを積み重ねて作るべき建築を，積み重ねを始める前から存在するかのように考える必要がある．

5.3 解析学と物理学の時代

ポアンカレの批判は，1920年代のヒルベルト計画に大きな建設的影響を与えた．しかしヒルベルトは，ハイデルベルク講演の後，十数年間，数学の基礎の問題から遠ざかったため，彼が数学の基礎の問題に帰還し，ポアンカレの批判に応えた時には，ポアンカレはすでに亡くなっていた．1905年の数学の基礎の講義から，第一次世界大戦末期の1917年に，数学基礎論に帰還するまでの約12年間，ヒルベルトは，主に積分方程式論と物理学に専念している．このうちの積分方程式論は，後にヒルベルト空間論として量子力学に応用されることになる．

ヒルベルトの「解析学と物理学の時代」は,一般相対性理論の構築レースの時代とオーバーラップする.ヒルベルトはこのレースに深く関わり,重力場方程式の発見を巡ってはアインシュタインとの先取権について科学史家の間で論争があることは有名である.しかしこの期間,ヒルベルトの脳裏のかなりの部分を占めていたのは,成功しなかったものの,彼の第6問題であった「物理学の公理化」であったようだ.相対論の研究も,その文脈で捉えるべきだというのが,最近の科学史の見解である(文献[1]).1905年から17年頃までのヒルベルトの数学の基礎についての講義や講演では,その内容のかなりの部分を,様々な物理学の分野の基礎付けの問題が占めていた.可解性ノートでは数理科学一般の可解性に言及しており,また,力学,光学,電気学(Elec-tricitätstheorie)などの物理理論の公理化を行えというノートを1893-94年頃に書いている.[83]「解析学と物理学の時代」の研究も,ヒルベルトにとっては,数学の基礎付けと同じ時期に懐胎し,おそらくは同じ動機から発する「青春の夢」を実現するためのものだったのだろう.

彼にとっては「基礎」とは,単に数学の安全性を保証する方法の研究ではなく,「良い数学」を行うための方法論の研究だった.その方法論研究の最初のステージである無矛盾性問題でつまずいたために,彼の壮大な「夢」は,1917年の

---

[83]Cod. Ms. Hilbert, 600:2, p.16.

「公理的思惟」などでわずかに姿を表す程度で，その全貌が日の目を見ることはなかった．そのために，ヒルベルトは大きく誤解されてしまったのである．しかし，数学ノートに記された「夢」を彼の生涯と比較すれば，彼にとって，数学の基礎と物理学研究が分かちがたく結びついていることが判る．数学の基礎についてのノートは，「解析学と物理学の時代」にも相当数が書きとめられており，また，彼は，折を見ては数学の基礎について講義を行っていた．物理学や解析学の研究と併行して進む数学の基礎への関心，それはヒルベルトにとっては自然というより必然でさえあっただろう．

しかし，ヒルベルトが「数学の基礎」を離れたのには，もう一つ重要な現実的理由があったかもしれない．彼の 1900-1905 年の論理学関連の論文や講義では，考え方の革命的転換がなされている一方で，その技術的水準は，彼の他の論文に比べて低い．当時の他の論理学の研究水準に比べても高くない．ヒルベルトの研究の多くは，既存の理論を従来とは全く異なった視点から完璧なまでに編成しなおすことによってなされている．しかし，こういうスタイルの研究のためには，十分な先行研究が必要である．この当時の数学的論理学は，ヒルベルトが能力を発揮するには，あまりに未熟であり過ぎた．もしヒルベルトが，そのまま数学の基礎の研究を続けたとしたら，それは芳しくない結果に終わったに違いない．ヒルベルトが数学の基礎から遠ざかったのは，このことを本能的に察知したからかもしれないのである．

しかし幸いなことに，第一次世界大戦をはさむ「解析学と物理学の時代」の十数年間に，ヒルベルトが次の一歩を踏み出すための基礎が準備された．それは，ヒルベルトが，彼の基礎付け計画のための「予定調和」とさえ呼んだ，ラッセルの「プリンキピア・マテマティカ」である．

5.4 プリンキピア・マテマティカ

数学再創造の有頂天の最中にパラドックスを発見して，どん底に落下したラッセルだったが，それで諦めるようなことはなかった．ラッセルは彼のパラドックスを契機として，論理学による数学の基礎付けを，さらに次のステージに進めた．ゲーデルが不完全性定理論文の主要ターゲットとした「プリンキピア・マテマティカ」(以下，「プリンキピア」と略記)の開発である．

ラッセルはパラドックスの発見後，「クラス無し理論」「ジグザグ理論」などの幾つかのパラドックス対処法を考え出し，パラドックスを回避しつつ，数学を論理で表現する可能性を探っていた．数学の基礎は，必然的なものがユニークに決まっているように思う人は少なくないが，ラッセルの研究を見ると，それが全くの間違いであることがよく判る．それは幾多のたゆまぬ試行錯誤の末に経験的に編み出すものなのだ．

ラッセルは，そういう試行錯誤の末に，最終的に**型理論**という仕組みを数学の基礎として採用し，1908 年に論文とし

てアイデアの概要を発表した．その後，その理論の細部を完成しつつ，実際にそれで数学の基礎を記述するという「実験」を行ったのである．もちろん，実験と言っても物理実験のようなものではない．ラッセルのアイデアを基にして，本当に数学が記述できるか書いてみる記述実験である．この記述実験の結果は 1910 年から 13 年にかけて 3 巻からなる膨大な著作として出版された．それが「プリンキピア」だったのである．[84]

「プリンキピア」で採用された型理論は，ゲーデルの論文に詳しいので，ここでは多くを説明しないが，簡単に言えば，自然数の集合 $\mathbf{N}$ からはじめて，$\mathbf{P(N)}$, $\mathbf{PP(N)}$, $\cdots$ と続けてべき集合をつくり，この範囲だけで数学を行うという考え方である．例えばゲーデルの論文の第 3 型の対象とは，集合 $\mathbf{PPP(N)}$ の要素である．すべての数学的対象は，この型のどれかに属すとし，$a \in b$ という集合の帰属関係を考えることは，a が第 n 型で b が第 $n+1$ 型のときにしか認めない．したがって，ラッセル・パラドックスの集合 s は，存在を論じるどころか記述さえできない．同様に他のパラドックスも真偽を論じるどころか記述することさえ不可能なのである．

「プリンキピア」の矛盾対策は，この型の考え方だけではなかった．ラッセルのパラドックスの後に，p.20 のリシャー

---

[84] ゲーデルが論文で引用している「プリンキピア」は，1925-27 年にかけて出版された第 2 版である．

ルの二律背反を初めとする様々なパラドックスが発見された．そのうちの一つにベリー（G.G. Berry）のパラドックスがある．これは「30字以下の日本語では定義できない最小の自然数」という文章に関するパラドックスである．この定義の文字数は 30 字に満たない．だから，この数は 30 字以下の日本語で定義されている．しかし，定義によればそれは 30 字以下の日本語では定義できない数なのである．

類似のものとしては，「この文章は偽だ」という文章がある．自分が自分を否定している文章であり，もちろん矛盾を導く．これは「クレタ人エピメニデスが，すべてのクレタ人は嘘吐きだと言った」という新約聖書の記述から，エピメニデス文などと言われることがあるが，要するに自分は嘘吐きだと言っている文章である．ゲーデルが自分の定理と関連しているものとして，リシャールのパラドックスの他に，「嘘吐き」をあげているが，これのことだろう．ゲーデルの論文の頃には，こういう種類のパラドックスは数学ではなく言語に関するパラドックスであるとして，数学の基礎付けの問題からは排除されるようになった．しかしそれは後のことであり，ラッセルは言語に関するパラドックスも「プリンキピア」から排除することを目指した．

ラッセルは，多くの試行錯誤の末，また，ポアンカレとの論争の影響なども受けて，「**循環論法（vicious circle）の排除**」をパラドックス対策の根幹原理として採用した．集合が自分自身に属するというような，自己が自己を対象として参

照することを，自己参照(self reference)という．ベリーのパラドックスの文章も，自己参照を起こしている．エピメニデス文は典型的な自己参照だ．集合全部の集合もそうだ．

　こういうものを，悪しき循環論法と考え，一括して排除しようというのである．しかし，型の導入だけでは言語学的な非可述的定義を排除できなかったため，「順位」(orders)という概念を導入して非可述性を徹底的に排除した．そうしてできた論理を，今日では**分岐的型理論**と呼んでいる．**可述的型理論**と呼ばれることもある．循環論法の禁止がポアンカレの可述性の思想と本質的に同じだからである．

　もし，これで数学のほとんど全てが記述できたら，後の数学基礎論論争は起きなかったかもしれない．分岐的型理論は，ほとんど全ての人が認めるような「安全」な論理学的基礎を持っていたからである．しかし，ラッセルと共同研究者のホワイトヘッドの記述実験では，この可述性が大きな障害となった．無限算術化で普通に使われていた論法のかなりの部分は非可述的で，このことを気にせずに使えることが，有限算術化などに比べて，大きな利点となっていたからである．

　通常の無限算術化の理論を再現するために，ラッセルたちは新しい公理を導入した．ゲーデルが論文の原注2)で引用している還元公理である．ただし，ゲーデルの論文の形式系では，還元公理は採用されておらず，ゲーデルが「還元公理」に該当するとした別の公理が採用されている．その公理

は括弧書きで「集合論の内包公理」とも呼ばれているように非可述的である．「プリンキピア」の体系は，一見，非可述性を排除していたが，実は還元公理により非可述性が再導入されていたのである．

ラッセルたちはデーデキントやカントールの数学における証明を表現するために，さらに二つの公理を仮定した．**無限の公理**と**選択公理**である．

無限の公理とは，無限集合が存在することを主張する公理である．ラッセルやフレーゲの最初の論理主義的アプローチでは，自然数の集合を定義することができた．つまり，無限集合の存在を何も無いところから証明することができたのである．それは，ある意味で「全く制限の無い内包公理」を使っていたからである．その公理は実に強力だったのだが，ポアンカレが皮肉ったように強力過ぎてパラドックスを導いてしまった．そのパラドックスを排除した型理論では，無限集合は「論理」だけからでは作れなくなった．そのためにラッセルは，無限集合の存在を公理として仮定する必要にせまられた．それが無限の公理である．ゲーデルの論文の体系では，第1型の対象が自然数になっており，次の数を表す fx についての公理 I の 1-3 が採用されているが，これが無限公理にあたる．

ラッセルは，この他にも，**選択公理**という公理を仮定した．これは無限個の集合のそれぞれから要素を「選び出す」ことが可能だという公理で，カントールの超限順序数で，す

べての集合を測ることができるという「ツェルメロの整列定理」の証明に必要だった．ゲーデルの論文でも，カントールの連続体仮説とともに，選択公理が引用されている．この二つは集合論にとっては非常に重要な命題であり，後にゲーデルも，この問題に深く係わるのであるが，不完全性定理との直接の関係はない．

　ラッセルは，「プリンシプルズ」で行ったように数学を論理のみに還元したかったはずだが，実際には無限公理，還元公理，選択公理のような数学的公理や集合論的公理を導入せざるをえなくなったのである．後にゲーデルは，このことを評して，型理論は変装した集合論である，と言っている．つまり，ラッセルの理論は論理学ではなく制限された集合論だったのである．

5.5　公理的集合論

　ラッセルが「プリンキピア」の構想を発表した同じ 1908 年，ゲッチンゲンのツェルメロにより，集合論の公理系が発表された．ゲーデルが論文で「ツェルメロ–フレンケルの集合論の公理系」を「プリンキピア」と並ぶ数学の形式系として引用しているが，1908 年のツェルメロの公理系は，この形式系の原点だった．

　現代では「プリンキピア」が数学の基礎を担う形式系として使われることはほとんどない．[85] 現代の数学の「公用形式系」は，ツェルメロの公理系から発展したツェルメロ–フレ

ンケル集合論や,ゲーデルが「フォン・ノイマンがさらに発展させている」と言って参照したフォン・ノイマンの仕事に始まるベルナイス–ゲーデル集合論である.

　しかし,1908年のツェルメロの公理系は,形式系からは遥かに遠く,あくまでヒルベルトの初期公理論の精神と同種のものだった.ツェルメロは,ゲーデルの不完全性定理が発表された後,形式系と形式化されていない数学の違いを理解できず,不完全性定理の証明が間違っていると主張して,ゲーデルを困惑させたことで知られている.ツェルメロの公理系は,ゲーデルの定理が適用できる形式系とは大きくかけ離れたものだったのであり,これが本当の形式系の形をとるのは1920年代後半以後のことである.

　この事情は「プリンキピア」も同様で,それは現代的な目からは形式系とは言いがたいものだった.しかし「プリンキピア」の場合には,論理式や論理の規則も,ほぼ形式的に与えられており,少し読み替えをするだけで,現代的な形式系として捉えることが可能だった.そのため,ヒルベルトは,これをラッセルがヒルベルト計画の第1段階,つまり,数学の形式化の実行をヒルベルト計画が始まる以前に予定調和的に実行していてくれたと考え,ラッセルの仕事を非常に高く評価した.1917年にヒルベルトが長い不在から数学の

---

[85] ただし,これは数学での話であり,計算機科学では「プリンキピア」の末裔たちが多用される.計算機による処理に適合しているからである.

基礎に帰還する際，ヒルベルトに最も大きな影響を与えたのは，この「プリンキピア」だったのである．

5.6 直観主義：クロネカーの亡霊

ヒルベルトの不在の間，数学基礎論において進行していたことは，ラッセルやツェルメロの研究だけではなかった．ラッセルとツェルメロの仕事は，過剰に強力なゆえに自ら破綻した無限数学を救うための努力だった．無限数学は，分量をわきまえて使えば収穫が増える農薬のようなものだった．集合論のパラドックスは，その農薬を使いすぎておきた「環境破壊」だったのである．

こういう時の常套的対処手段は「安全基準」の設定である．つまり，「ここまでの範囲で使うのならば安全に使える」という限界を，基準として設定することだ．ラッセルの型理論やツェルメロの公理的集合論は，無限数学の安全基準だったのである．

この二つの安全基準に共通することは「無限数学を，可能な限りそのままの形で残したい」という思いだった．しかし，別な考え方もありえる．環境問題が明らかになったとき，「徹底的に自然にかえる」傾向が生まれたように，集合論のパラドックスを契機として，数学における「無限」を根底から問い直す動きが生まれることは自然なことだった．

ヒルベルトの視点からみれば，そういう動きは，自らも大きな貢献をした無限数学という数学革命への「反革命」

である．その「反革命勢力」の中心となったのが，ブラウワー[86]であった．彼の思想は，ある意味でクロネカーやポアンカレの流れの上にあり，ブラウワー自身は，自分をポアンカレの後裔と位置づけ，この考え方の流れを**直観主義**と名づけた．そして，他方でヒルベルトやラッセルを形式主義者と呼んだのである．

ブラウワーが自らを直観主義者と呼んだ理由は，数学の基礎を，彼が**二一性**(英：two-oneness, twoity)と呼んだ主観的時間直観に求めたからである．カントの哲学では，幾何学的直観と時間直観がアプリオリなものとされたが，幾何学的直観の「正統性」は，非ユークリッド幾何学と相対性理論という科学理論の「正当性」の受容によって否定されてしまった．ブラウワーは直観主義数学を，カント哲学の残された「人間の内的時間」，つまり，「現在の自分により過去と未来に二分される統一体である主観的時間」の中での心的活動として定義した．そして，一つである時間が同時に二分されているのでこの時間直観を二一性と呼んだのである．[87]

ブラウワーは神秘主義的であり，また，近代西洋物質文明に反感も持っていたらしく，そういう彼の傾向の影響が，そ

---

[86] Luitzen Egbertus Jan Brouwer(1881-1966)：オランダの数学者．位相幾何学に重要な業績を残すが，その活動の中心は直観主義数学だった．

[87] この思想は哲学者ベルグソンの哲学と類似性がありブラウワー自身もそれを意識していたらしい．道元の「有時」の思想とも似通っており，唯心論的哲学としては普通のものだ．

の数学思想には色濃く見られる．これは開明的，開放的で，極めて現実的でもあったヒルベルトの性格と好対照をなしている．その性格の相違どおり，彼らの数学思想は，幾つかの点で対極をなすものだった．

その大きな違いのひとつが，ブラウワーの論理への姿勢だった．ブラウワーは 1907 年に，彼の学位論文「数学の基礎について」を書いたが，この特異な数学論文の多くの部分は，哲学的議論，それも当時の多くの数学論の批判で占められていた．ヒルベルトやラッセルの数学思想も批判の対象となっていたが，その論点は，「論理が先で，論理から数学ができるのではなく，数学が先にあり，それから論理が生まれる」ということだった．彼にとっての数学は，時間直観とその性質というアプリオリな知識であり，論理法則とは，時間という数学者の内的宇宙の中で観測される言語の使い方の規則に過ぎないのである．ラッセルの論理学や，ツェルメロの集合論は，人間に許された有限的な内的世界を逸脱した，超越的な存在，あるいは，人工的形式的な虚構にすぎない．彼にとっての真の数学とは，自分の理性の内に存在し，それゆえに「最も確かな学」である直観主義数学だけだったのである．

外界に依存しない人間の内的知性のみから数学を建設するという決断は，ブラウワーを数学基礎論論争の焦点の一つとなった重要な洞察に導くことになった．「排中律の否定」である．博士論文では，アリストテレス以来の論理規則を彼の

立場からも問題ないものとしていた．しかしブラウワーは，翌年の論文「論理的原理の不確実性」では，一転して，論理規則の不確実性を指摘し始めたのである．そして，その最大の攻撃目標が，ヒルベルトがゴルダンと対決した際の問題点となった排中律だったのである．

ゴルダンが本質的には排中律と同じ「神学」を非難した理由は，代数とは式変形で有限的に計算を行うものだという，当時の「常識」であっただろうが，ブラウワーの場合は，「数学とは孤独な知性が自分のアプリオリな知性の能力の範囲のみで行うべきもので，神とか，外界とかの，有限な自らを超越した存在は決して前提にすべきではない」という彼の主観主義的思想だった．排中律は人間には判断できなくても，神は知っているはずだという批判に，私は神と交信する術をもたないと答えたという逸話は，彼の思想の性格をよく物語っている．

ブラウワーも，時間的直観を理想化し，それが過去でも未来でも均質であり，また，未来永劫続くものとしたが，しかし，時間のそれぞれの点では，人間は有限の能力しかもっていないと考えた．数学とは，その有限の人間が行う有限的な「知的構成」，つまり，実際に作り上げることなのである．だから，数学の全てがクロネカー的な有限性に限定されることになり，また，非可述的集合を根底から作り上げることは有限の人間的時間の中では不可能なので，数学から排除されるのである．

ラッセルは循環論法を論理学・数学から排除しようとしたが、それは病根摘出の基準であり、「これが健康体である」という健全性の基準ではなかった．ラッセルの場合，何を採用してはいけないかは，比較的明瞭だったが，何を採用すべきかには「有用性」という基準以外には明瞭な指導原理がなかった．

ブラウワーの場合は，二一性という数学の「根源」に照らしあわせて，あらゆる物の正当性を問うことができた．アリストテレス以来の論理とて再検証の例外ではない．例えばブラウワーにとっては「P または P でない」という排中律の命題が正しいとは，自分を離れた外界，あるいは，天上界で，「P」と「P でない」のどちらかに決まっているということではなく，二一性の中に「閉じ込められた」有限な自分が，「P」と「P でない」のどちらが正しいかを判断できる，ということになる．ヒルベルトが可解性ノートに書いた「π の小数展開の中に 10 個の 7 が続けて現れることがあるか」というような問題や，p.154 の $a_{99} \leq a_1, a_{99} \leq a_2, \cdots$ のような無限個の条件をチェックする問題に排中律を使う場合も例外ではない．しかし我々が，π の全貌を知っていない以上，また，$a_{99} \leq a_1, a_{99} \leq a_2, \cdots$ が無限個の条件の集まりである以上，有限な人間知性が，内的直観の各時点で答える一般的な術を持つことはできない．ブラウワーの考え方にしたがえば，少なくとも排中律の普遍的妥当性には何らの根拠もない．そういう論理規則に基づいて証明した数学的結果

も根拠薄弱なものなのである.

ヒルベルトの不変式論時代の数学ノートや,その後の存在の三段階論からすると,この議論はヒルベルトに若き日の思索を思い出させるものだったに違いない.しかも,ブラウワーが,排中律を攻撃する際に好んで使った例は,ヒルベルトと同じπに関する議論だったのである.例えば,1908年の論文では,πの小数展開のなかで,同じ数が2個続くパターンが無限個あるかという問題や,πの小数展開中で,ある数字の出現頻度が他の数字の出現頻度より多いか,などの問題が例として挙げられている.また,1920年代以後のブラウワーは,「πの展開の中に0123456789が現れるか,現れないか」は有限的には判断できないという議論を盛んに行ったため,ブラウワーというと,「πの小数展開中の0123456789」を連想する人があるほどだ.[88] 他方で,ヒルベルトがπ中の1111111111の存在についての議論を公表することはなかった.ゲッチンゲンにおける1897年の講義以外には,他人に語ったこともなかったのかもしれない.

しかし,ヒルベルトの「排中律」に関する思想が,その存在とルーツを秘匿したまま,ブラウワーに影響を与えたこと

---

[88] ブラウワーの1908年の二つの問題は,Π_2^0-排中律(Σ_2^0-排中律)と呼ばれるものであり,他方,π中の0123456789や1111111111の問題は,Π_1^0-排中律(Σ_1^0-排中律)という問題である.前者の判定の方が本質的に難しいことが知られている.また,0123456789は実際に現れることが東大のコンピュータによるπの計算で確認されている.

は明らかだった．パリ講演の「可解性の公理」の思想がブラウワーの「反面教師」になったのである．ブラウワーは，学位論文でもすでにこの思想に疑問を投げかけ，数学者にはそんな信念など存在しないと書いている．そして，翌1908年の論文以後は，これを排中律と同一視し，可解性の公理の無根拠性を理由に排中律の無根拠性を説いたのである．

ヒルベルトの可解性思想，「神学」，排中律は互いに複雑に関係し合っている．しかし，ヒルベルトがブラウワーに先駆けて，論理学の排中律の問題と可解性の問題の同一性を認識していたとは思えない．ヒルベルトが，この同一性に気がついたのはブラウワーの排中律批判を知った1920年頃だろう．1920年冬学期の論理計算の講義録の最後には，彼の論理計算の理論の応用として，ブラウワーが最近指摘したパラドキシカルな問題，つまり，無限の系に対する排中律の問題が解決できるとされており，これがヒルベルトが排中律について陽に語った最初である．[89]

現在の我々の目からは，1900年代に論理学研究を開始していたヒルベルトが，この「可解性＝排中律」の関係に気がつかなかったということは，非常に奇妙に見える．この「見落とし」の事実は，さらなる研究を必要としているが，ブラウワー自身も最初はこの関係に気がつかなかったことを考えれば，「可解性＝排中律」は現在考えるほどには自明な

---

[89] Logik-Kalkül Vorlesung, pp.61-62, 1920冬学期．ゲッチンゲン大学数学研究所蔵．

関係ではなかったとするのが自然だろう．1908年の論文で「可解性＝排中律」を主張したブラウワーだが，すでに述べたように，前年の博士論文では，排中律も直観主義思想の観点から問題のない規則の一つとして明示されている．しかも他方では，ヒルベルトのパリ講演の可解性を否定しているのである．

ゴルダンが，ヒルベルトの証明を問題視したとき，それを「再帰的手続き」の欠如としてクラインに説明している．また，ヒルベルトが，この問題を論じるとき，それは常に「数学の問題を解く」という人間の活動と関連して論じている．可解性ということ自体が「人間に解けるか」という問題なのである．一方で，論理は「静的」な現象を記述するものとして考えられていた形跡がある．ブラウワーの数学の特徴は，人間の外界に静かに佇んでいるかのような印象のある数学を人間意識内部の動的活動に置き換えたことにある．おそらく，ブラウワー以前には，論理のような「静的」な規則と，行為の問題である可解性を結びつけることは極めて困難であり，ヒルベルトの「神学」の問題は，計算や定義という行為の問題として捉えられ，それを排中律と関連づけることができなかったのではないかと想像できる．

いずれにせよ，現代の我々には，ブラウワーの議論が，ヒルベルトの推論を反転させたものだったことは明らかである．つまり，ブラウワーは，ヒルベルトにとっては，一般有限性定理の証明の正当化のための「要請」でもあった可解性

の原理を，彼の直観主義哲学を背景に否定し，それにより，一般有限性定理の証明を否定したのである．ブラウワーは，H. ワイルへの手紙の中で，直観主義数学の立場からは受け入れることができない非構成的な存在証明の代表例として，ヒルベルトの一般有限性定理によるゴルダン問題の解決を挙げている．

一方，ヒルベルトにとっては一般有限性定理は最も守り通すべきものだったろう．それは無限数学という数学革命の象徴だったからである．実際には，集合論がなくても，ヒルベルト不変式論は全く困らない．無限的なのは一般有限性定理の証明に使われた最小値原理だけだったからである．最近の研究で一般有限性定理に使われた最小値原理は，Σ^0_1-排中律という学習理論的帰納推論と同値な排中律であることが判っている．ヒルベルトの可解性と「神学」は，共にこの半ば有限的な排中律と同じものなのである．[90] しかし，ブラウワーはそれを「排中律もろとも」否定するのである．それは，ヒルベルトが何より誇りとした彼の新数学の全体が否定されたも同然のことだった．

クロネカーが排中律について語ったことはない．彼は「あらゆる数学的性質は，具体的に対象が与えられたとき，その性質を満たすか満たさないかを判定するアルゴリズムを持つ

---

[90]「半ば有限」という理由は「神学」の説明に書いたように(4.7 参照)，判定できなくても有限時間内に正しい答えに到達してしまうからである．

必要がある」と主張しただけだ．クロネカーの思想とブラウワーの思想は大きく異なる．カントール集合論を「哲学的」として排した超現実主義者クロネカーにとっては，神秘的なブラウワー直観主義は許容できないものだったに違いない．

しかし，ヒルベルトにとって両者の差異は重要ではなかったろう．ブラウワーの出現は何よりもクロネカーを思い起こさせるものだった．ヒルベルトは，数学基礎論論争を通して，19歳年少の目の前の敵ブラウワーより，むしろ，39歳年長で，すでに没後30年を経ていたクロネカーに語りかけていたとさえ言える．ブラウワーは，ヒルベルトにとってはクロネカーの亡霊だったのである．

5.7 消え行く数学の塔

ブラウワーの数学の最大の欠点は生産性の低さだった．ゴルダン自身のゴルダン定理の証明が，ヒルベルトの証明より遥かに複雑だったことは説明したが，この複雑さはクンマーやクロネカーの数学にも共通する欠点だった．それを克服したのが，ヒルベルトの無限数学だったが，そのポイントはアルゴリズムの無視にあった．彼の三段階論のように，最初は，純粋の存在のみ，次にその計算方法，と進めれば，問題が二つの部分問題に分割され，それだけ簡単になる．そして，第2段階は，第1段階で得た知見を利用して先に進むことができる．しかし，ゴルダンやブラウワーのようなアプローチでは，これを一挙に行う必要があり，それが問題をよ

り複雑なものにする．

　数学の基礎付けとしての直観主義数学が実質的に滅びてから長いが，現在でも類似の数学が構成的数学の名前のもとで研究されている．構成的数学には，色々なアプローチが可能だが，広い意味でその一つに数えることができる計算可能性数学という研究分野がある．これは数学の基礎は，通常の数学と全く同じものを使うが，定理や概念がアルゴリズムで処理できるかを，計算可能構造という数学のシステム自体とは別の構造の性質として，研究するものである．つまり，ヒルベルトの三段階論の2段階目を専門としているような分野である．直観主義数学で論文を一つ書くことは，ヒルベルト三段階論の第1ステップとしての通常の数学の論文と，第2ステップとしての計算可能性数学の論文の二つを一度に書くようなものなのである．同時に実行することで，わかりやすくなる場合もあるが，一般的にはこれは問題をより難しくしてしまう．場合によっては，第1，第2ステップができても，直観主義数学では自然な証明ができないときさえある．

　さらには，ヒルベルトの一般有限性定理のように，本質的に計算不可能な問題も多く存在する．そういうものは直観主義では考えられない．つまり，直観主義数学は手足を縛った数学なのである．もし，それでも多くのことができれば，通常の数学以上にすばらしいが，出来なければ興ざめということになる．

　「通常数学者」としてのブラウワーは，点集合論的位相幾

何学という分野の開拓で知られているが, これは極めてカントール的な研究分野であった. ブラウワーは集合論を否定しようしたのではない. それを重要な学問と考え, それゆえに, その危険な基礎を直観主義思想で「合理化」しようとしたのである. ブラウワーは, 位相幾何学の研究で世界的な名声を確立した後に, 直観主義的集合論の建設を開始し, 1918年からは一連の直観主義的集合論の論文を出版し始めた.

しかしながら, ブラウワーと彼の協力者が直観主義的に書き換えた数学の分野は, それほど多くはない. デーデキントやヒルベルトたちの無限数学の場合がそうであったように, 数学者は, 新手法が, 数学的に深い新結果を生み出すならば, それを受け入れる. しかし, ブラウワーの書き換え作業の中で, そういう新しい数学が生まれることは無かった. 彼の書き換えの唯一のメリットは「認識論的意義」だけだったのである. これは, 独自の代数的数学観に基づいてクロネカーが成し遂げた代数学上の業績とは, 大きな対比をなしている. クロネカーの代数学上の業績は, その手法を強く拒絶したヒルベルトが賞賛しているし, その数学の代数的基礎付けの影響さえ, 間接的ながら, 現代の代数学, 特に代数幾何学に色濃く残っているのである.

ブラウワーがなしえたものは, 数学の小さな部分の再構成と, より徹底した排中律の批判だった. ブラウワーは, 最初は排中律を使わない集合論の建設に集中していた. それは通

常の数学を制限するがはみ出しはしない．しかし，後には自由意志によって選択された数の列を数学的概念として導入し，それをもとに彼の数学が「二一性に制限されている」という事実を根拠とする新たな公理，連続性原理などを導入するようになる．つまり，非ユークリッド幾何学が，ユークリッド幾何学から平行線公理を除いただけの幾何学でなく，平行線公理と矛盾する公理を仮定するのと同じように，従来の数学を「はみ出す」新数学の建設を始めたのである．この新数学では「強い形に表現された排中律」の否定を証明できた．

これによりブラウワーは，論理学においても，幾何学の非ユークリッド幾何学のような，標準以外の代案が存在しえることを示したのであり，これは高く評価されてしかるべきであった．例えば，ヒルベルトの学生のうちで，最も偉大な数学者だったと評価されているワイル[91]は，ブラウワーの直観主義数学こそ，数学の「革命」だと賞賛した．

しかし，実際に起きたことは革命とは程遠いものだった．それは数学の隠された前提条件を暴き出したものの，ブラウワーの新数学が「旧数学」を凌駕することはなかった．それは建設ではなく，主に破壊だったのである．ワイルは，後に，ブラウワーの鋭利な批判を賞賛しつつも，その思想に従

---

[91] Hermann Klaus Hugo Weyl (1885-1955)：ドイツの数学者．数学研究において美と真のどちらかを選択するとすれば，美を選ぶと言ったことは有名．

うならば,数学者は数学の塔が煙の中に消え行くのを痛々しく見つめることになると書いた.

5.8 ヒルベルトの帰還

「プリンキピア」全三巻が出版された翌年の1914年に,ゲッチンゲンで,新たな動きが始まったことが記録されている.ヒルベルトの学生ベーマン[92]が「プリンキピア」についてコロキュウムで講演を行ったのである.ヒルベルトが数学の基礎の問題を離れてから9年後のことだった.それを機にするかのように,ゲッチンゲンでの数学基礎論に関連した活動が増えていった(文献[13]).

この年勃発した第一次世界大戦に,ベーマンは学業を中断して志願したが,翌年負傷し後方の病院に送られる.傷も回復してゲッチンゲンに戻ったのは1916年のことであり,ヒルベルトの指導の下で「プリンキピア」の研究を再開し博士論文を完成したのは1918年のことである.その研究の焦点は還元性公理の妥当性であり,これがヒルベルトの考え方に影響を与えた(文献[9]).

ヒルベルトは常に教育と研究を一体化させていたことで知られ,新しいテーマに取り組むときには,必ずと言ってよいほど,そのテーマを講義した.そして,講義を進める中で新理論を開拓していったのである.1914年のベーマン

---

[92]Heinrich Behmann(1891-1970):ドイツの数学者・論理学者.「決定問題」の命名者である.

の「プリンキピア」研究も，ヒルベルトが数学の基礎への帰還を意図した結果と考えるのが自然だろう．しかし，その帰還は第一次世界大戦の影響で，数年遅れたようである．ヒルベルト自身が公に数学の基礎の問題への帰還を表明したのは，第一次世界大戦末期の 1917 年のことだった．この年，中立国スイスの首都チューリッヒで開催されたスイス数学会で，ヒルベルトは数学の基礎について語った．公の場での専門的講演としては，1905 年のハイデルベルク講演以来初めてのことであった．講演のタイトルは「公理的思惟」(**Axiomatisches Denken**) であった．

ヒルベルトの数学基礎論が無矛盾性でなく完全性を出発点としていたことは，すでに説明した．この講演は，このことを明瞭に示している．1900 年代と同じく，公理論こそが数学，あるいは科学の基礎として最適であることを，主に物理学の公理化をテーマに詳しく論じた後，数学の基礎に話題を移し，ラッセルの「プリンキピア」を公理化という科学の粋として褒めちぎった．そして，数学の無矛盾性を還元する先としては論理学しかないと宣言したのである．つまり，無矛盾性証明の方法として，ハイデルベルクの証明分析の手法は影を潜め，「プリンキピア」の論理体系への還元という論理主義的アプローチを取ったのである．

この態度の変化は，「プリンキピア」の還元公理が集合の内包公理と同一のものであることを，ヒルベルトが理解できていなかったかららしい．ヒルベルトは，この時点ではラ

ッセルの研究が，まだ完成していないかのような言い方をしており，それが完成した暁には，無矛盾性の問題が解決されると言っている．ベーマンの学位論文も未完成の時点では，ヒルベルトの「プリンキピア」理解には問題があったのだろう．研究が進むにつれて，還元公理の問題点が明らかになり，数年後には，ヒルベルトが論理主義的アプローチを放棄し，ハイデルベルクのアプローチにもどる過程が，最近の数学史研究により明らかにされている(文献[13]).

無矛盾性証明が最大の目標ならば，ラッセルの研究の完成後には，ヒルベルトに大きな問題は残されていないことになるが，彼の態度は全く違った．むしろ，そこから公理論の真の挑戦が始まるかのように主張したのである．彼は公理論が解決すべき数学的内容を持つ「認識論的問題」として，次の五つをあげた：(i)すべての数学の問題の原理的可解性，(ii)数学の結果の事後検査可能性，(iii)数学証明の単純性の判断基準，(iv)数学と論理における内容と形式の関係の問題，(v)有限回の操作による数学問題の決定可能性の問題．そしてヒルベルトは，「これらの問題がすべて解明され，また，その相互関係が明らかにされるまでは論理学の公理化に満足するわけにはいかない」，と宣言した．

(i)は可解性問題である．「原理的」という言葉が使われている点が注目される．(ii)は何であったかよく分かっていない，(iii)は2000年にドイツの数学史家 R. Thiele(文献[15])により，ヒルベルトの数学ノートの中から発見された

「キャンセルされた第 24 問題」のことである．ヒルベルトは，パリ講演で証明の単純性について議論しているが，最初それを問題に含めようとしたらしい．発見されたノートによると，ヒルベルトは彼の不変式論におけるシチギー(Syzygie)の理論を手本にして，証明の単純性を定義することを示唆している．(iv)はおそらく後の述語論理の完全性定理のような形式的な数学と現実の数学との関連のことであろう．ヒルベルトは(v)の決定可能性を「最もよく議論される問題」として詳しく説明した．現在，決定可能性の問題というと，ベーマンが定義した決定問題，つまり「ある性質に対して，任意に与えられた対象が，その性質を満たすか否かを判定するアルゴリズムを作る問題」を連想してしまう．しかし，(v)はその意味ではない．それは「物理定数を決定する」というときのように，不明な数値を具体的な数値として得ることを意味していた．

ヒルベルトは問題(v)を，これらの問題のうちで「最も多く論じられる重要な問題」として，数頁を費やして詳細に論じた．その中で，この問題の典型例の一つとして挙げたのが，彼の不変式論の二つの証明だったのである．ヒルベルトは無限版論文の証明では有限完全不変式系はその存在が原理的に示されただけであり，有限版論文の証明により有限完全不変式系を決定することが可能となったと説明した．つまり，1897 年の三段階論で言えば，その第 2 段階の可能性を「決定可能性」と呼んだのである．

この問題が意味しているところは，講演の内容だけでは，それほど明白ではない．しかし，同時期の数学ノートに，この(v)のことだと思われるものがある．そのノートには「存在証明ができたら，必ず決定(Entscheidung)も可能であることを証明せよ」という意味のことが書かれているのである．[93] つまり，ヒルベルトの若き日の一般ゴルダン定理の有限版，無限版の二つの証明のようなことが，一般的にも成り立つことを証明せよという問題なのである．この講演の時点でのヒルベルトの目標は，無矛盾性証明というより，彼の若き日の代数学研究において直面した，認識論的問題の数学的な解決だったのである．

　これはラッセルが無矛盾性証明を達成しそうだったから，他に目を向けたわけではないだろう．ヒルベルトはすでに1905年に彼の数学基礎論研究における「完全性」の重要な位置について発言している．1905年の講義録「数学的思考の論理的原理」[94]で，ヒルベルトは記号論理学を代数学的に取り扱うことによって，命題論理の「完全性」を論じた．それにより「任意の正しい結果が有限的証明で示せるか」という「古い問題」の一番原始的なケースが解決されたとした．そして，さらに次のように言ったのである(前述講義記録 pp.248-249. 文献[16]参照)：

---

[93] Cod. Ms. Hilbert 600:3, p.95.
[94] Logische Prinzipien des mathematische Denkens, 1905. ゲッチンゲン大学数学研究所蔵.

> この問題が，この分野におけるすべての私の研究の本来の出発点だった．そして，この問題の最も一般的ケースへの解答，つまり数学にはイグノラビムスがないことの証明が究極の目的として残されている．

「完全性問題」を「イグノラビムス問題」としてとらえ，しかもそれを「古い問題」と呼んでいることに注目して欲しい．すでに述べた数学ノートからすると，彼は可解性の問題をカント哲学やイグノラビムス問題と関連づけていた．この1905年の「完全性問題」をこの様な「古い哲学の問題」の進化形だと理解すれば，この発言も理解できる．この発言は，ヒルベルト計画が代数学の時代にルーツを持ち，最初の問題は無矛盾性ではなく完全性の問題であったことを強く示唆しているのである．

ただし，この時，ヒルベルトが後のような明瞭な研究計画を持っていたかどうかは疑問だ．1905年の講義では「完全性」の概念さえ不明瞭なのである．完全性には多義性がある．それが最終的に整理され始めるのは1929年のゲーデルの学位論文以後のことであり，それ以前は異なる概念が混同されていたのである．

しかし，1917年には，問題が(i)-(v)の五つに分類され，それらの相互関係が研究目標として掲げられている．ヒルベルトは完全性，決定可能性，独立性などが持つ複雑な関係を理解し始めていたのだろう．不変式論研究の当時と比べて，

いやハイデルベルク講演の時代と比べても，ヒルベルトの数学基礎論への認識は大きく前進していたようである．その主な原因は「プリンキピア」の成立であったとみて間違いないだろう．

5.9　ブラウワー――それが革命だ！

ブラウワーの 1907, 1908 年における可解性・排中律批判は，ヒルベルト自身の耳には届かなかったはずだ．ブラウワーの博士論文も，排中律批判論文もオランダ語で書かれていたのである．ブラウワーは，1912 年には，「直観主義と形式主義」という論文を書き，これにより直観主義，形式主義という数学思想の分類と，その対立の構図が明らかにされた．しかし，この論文もオランダ語だった．この論文は，直ぐに英訳されてアメリカの雑誌に掲載されたが，ヒルベルトは気がつかなかっただろうと言われている．

この当時のブラウワーはカントール的・ヒルベルト的な位相幾何学研究に専念していた．ブラウワーの直観主義数学は長い間，理念だけに留まっていたのである．人間関係の面でも，ブラウワーは，ヒルベルトに最高の敬意を払い続け，二人の間は良好であった．1910 年代のブラウワーは，ゲッチンゲンと太い紐帯によって結ばれた新進の無限数学研究者だったのである．

この関係は，ヒルベルトが 1917 年に基礎論に帰還し，ブラウワーが直観主義的な集合論を発表し始めた 1918 年以後

もしばらく保たれた．ブラウワーは1919年にはゲッチンゲン大学の教授職の申し出さえ受けている．しかし，このときベルリン大学からも招請されていたブラウワーは，当時，世界最高峰といえたドイツの大学を選ばず，主にベルリンからの招請を利用して，アムステルダム大学での地位向上をアムステルダム市に呑ませることを選ぶ．このことが，ヒルベルトがブラウワーへの視線を変える切っかけだったとも言われる．いずれにせよ，ブラウワーは，その位相幾何学の研究により，数学者としての世界的名声を確立するに従い，基礎論にも興味を示す無限数学者から，基礎の問題におけるヒルベルトの敵対者へと変身を遂げつつあったのである．

　ヒルベルトとブラウワーの関係を決定的に悪化させたのは，1920年頃のワイルのブラウワー直観主義への「転向」だったとみなされている．数多いヒルベルトの優秀な学生のなかでも，最も才能に恵まれ，最も偉大な数学者とみなされていたワイルは，1921年に「数学の基礎の新危機について」[95]という数学論文を発表する．「集合論の矛盾は，数学という国家の中枢から遠く離れた辺境における国境紛争として取り扱われるのが普通であり，国家の中枢の秩序と安全を乱すものとはみなされない」という文章で始まるこの檄文は，集合論の矛盾という危機を隠蔽し，うわべの繁栄を享受している数学という国家の欺瞞を糾弾し，危機の徹底的な解

---

[95] Über die neue Grundlagenkrise der Mathematik, *Mathematische Zeitschrift*, 1921, vol. 10, pp.39-79.

決の必要性を提唱したのである．それは，1918年に出版された1917年のヒルベルトの講演「公理的思惟」が国際協調の必要性にたとえて諸学のハーモニーの必要性を提唱する文章で始まるのと，好対照をなしていた．後にワイル自身が認めたように，この論文は敗戦となった第一次世界大戦後の混乱が続くドイツの雰囲気を色濃く反映していたのである．

ワイルは，1918年に「連続体」という本を著し，[96] ポアンカレが提唱したように，可述性を保ちながら実数論を再構築することを目指した．この著作では，集合の内包原理は可述的なものに制限されていたが，排中律は問題ないものとして使われている．しかし，その後にブラウワーの理論を知り，自らの理論より徹底していると考えるようになる．そして，終に「新危機」で彼自身の理論を放棄しブラウワーに合流すると宣言したのである．この数学論文の中で，彼はこう書いた：「現在の（数学の）秩序は維持不可能なものであるゆえに，私は確信するにいたった，ブラウワー——それが革命だ！」

5.10 ヒルベルト計画

いったんは，論理主義的還元による数学の無矛盾性証明と，それに引き続く公理論による可解性や決定問題を構想したヒルベルトだったが，すぐに還元公理の問題点に気づき

---

[96] Das Kontinuum, Leipzig (Gruyter).

始めたようだ．1920年頃からワイル，ブラウワーや排中律への言及が始まると同時に論理主義ルートも放棄され，ヒルベルト計画の基礎概念が確立されていく．この経過はヒルベルトの講義録等の分析により詳細に解明されているが（文献[13]），ここでは，それを克明に追うことは避ける．

ただ，ヒルベルトは最初ワイルやブラウワーに，それほど敵対的でなかったことを注意しておきたい．「証明論」という言葉が最初に使われたとされる1920年の夏学期の数理論理学の講義では，[97] ワイルやブラウワーのアプローチを，クロネカーと同類の「禁止政策」と批判しながらも，彼らの可述的数学がヒルベルト自身の公理的研究に有用である可能性を示唆している．また，同じ年の冬学期の講義[98]では，数論的問題の「決定問題」が論じられ，その解決によりブラウワーの排中律批判を無効にできると書かれているが，批判めいたものは書かれていない．これらの講義以前には，ワイルやブラウワーへの言及は見られない．

1920-21年の冬学期には証明論による排中律の正当化がすでに構想されているのが注目される．この時ヒルベルトは，ブラウワーの排中律の問題が自らの可解性思想と矛盾することに気がついたようだ．しかし，それでもまだ関係は悪

---

[97] 講義録 "Probleme der mathematischen Logik", 1920年夏学期．ゲッチンゲン大学数学研究所蔵．

[98] 講義録 "Logik-Kalkül", 1920年冬学期．ゲッチンゲン大学数学研究所蔵．

化していなかったと思われる．ワイルの「新危機」の基になった講演は 1920 年に行われており，ヒルベルトはこの講演を契機にワイルやブラウワーの「新数学」について知ることとなったようだが，ヒルベルト自身はこの講演を聴くことがなかったこともあり，当初はそれほど否定的な態度ではなかったらしい．

しかし，ワイルの「新危機」が 1921 年に出版された頃から，すべてが変わり始める．大家となって以後のヒルベルトは他人の論文を読まないことで有名だったが，ヒルベルトが所蔵していた「新危機」の別刷りには珍しく多くの書き込みがあり，[99] ヒルベルトがこの論文に強い関心を持って検討したことが推測される．そして，その結果，「新危機」への「返答」として書かれたのが 1922 年に発表された「数学の新基礎」[100]である．

この論文は，それまでのヒルベルトの論文や講演と異なり，ワイルの「新危機」以上に好戦的な表現に満ちていた．ヒルベルトは大胆な発言をする人だったが，公の場でここまで好戦的なヒルベルトは初めてだったろう．その論文から一部引用しよう．括弧内は筆者たちのコメントである．「それ（ワイルやブラウワーの方法）は本質的にはクロネカーがたど

---

[99] ヒルベルトが所有していた 1 万点を超える別刷りは，現在名古屋大学に所蔵されている．

[100] Neubegründung der Mathematik, *Abhandlungen aus dem mathematischen Seminar der Hamburgischen Universität*, vol.1 (1922), pp.157-177.

った道であり，彼ら（ワイルとブラウワー）は不安を掻き立てる現象をすべて数学から放り出し，クロネカーの独裁禁止令を達成しようとしている．しかし，それは我々の科学を分割し，また損なうことを意味し，もし，彼らのような改革者に従うなら，我々は数学の財産の多くを失うこととなる．〈中略〉否．ブラウワーは，ワイルが言うような，革命などではない．それは古い方法による反乱の繰り返しに過ぎない．過去の反乱は，より先鋭になされたが，それでも完全に失敗した．そして，今や，国家権力はフレーゲ，デーデキント，カントールにより武装され要塞化されているのであり，この反乱は最初から失敗する運命にある」

ワイルの論文同様，第一次世界大戦敗戦後ドイツの社会混乱の影響を想起させる文章ではあるが，そういう事情を考慮に入れても，これが当時 60 歳の，しかも，誰もが世界最高の数学者とみなしていたヒルベルトの言葉であり，それが数学論文として出版されたことには驚かざるを得ない．

この論文はワイルとブラウワーに大きな衝撃を与えたろうと想像できる．闘いの火蓋を切ったのはワイルであった．しかし直観主義数学に与することを宣言したものの彼自身が直観主義数学の建設を行うことはほとんどなく，論争からも距離を置いていた．また，1920 年代中頃からは，ワイルは，次第に直観主義数学の立場に疑問を持ち始めたらしい．しかし，この檄文以後，それでなくとも他人と対立することが多かったブラウワーは，反ヒルベルトの姿勢を鮮明にしてい

く.

　ヒルベルトの論文は数学基礎論論争の論調を激烈にしただけではない．長い檄文の後，ヒルベルトは，一転して彼の極めてテクニカルな数学の基礎付けの方法に話を移し，ヒルベルト計画の基本的概念を説明していった．長年の準備的段階を脱し，ついにヒルベルト計画がその姿を現したのである．

　ヒルベルトは，まず，ゲーデルも論文の中で多用している**内容的(inhaltlich)**という言葉を使い，形式化されていない「生のまま」の数学，内容的な数学，について説明を始める．それは 1 や + という「記号」の組み合わせについての数学である．数は集合や論理ではなく，$1+1, 1+1+1$ のような記号の組み合わせで説明される．

　明らかに，自然数に関する基本的数学は，この記号の組み合わせについての「思考」であると考えることができる．例えば，$a+b=b+a$ という等式は，a, b に具体的な「数」を置いたときに，$a+b$ と $b+a$ が同じ記号列になることを表していると考えればよい．ポイントは，これらの表現が全て有限個の記号から構成された有限的存在であり，また，それに関する議論も有限的であるという事実である．内容的な数学とは，本質的に有限的な数学なのである．そして，そこには直観的な議論があるだけで，仮定すべき公理も論理法則もないのである．こう説明することで，ヒルベルトは内容的な数学が，クロネカーの数学や，ブラウワーの数学に極めて近い，有限的・構成的な数学であるべきことを実質的に認めた

のである．この論文の時点では，まだ，不明瞭な点が相当にあったが，これが後に有限の立場と呼ばれるようになるものの原型である．

限界のある内容的数学だけならば，ヒルベルトの立場は，ブラウワーの立場と変わらない．しかし，ヒルベルトは，ここで彼の公理論を進化させることにより大転換を行う．「プリンキピア」の論理式は，一定の規則にしたがって構成される記号の列と考えることができる．オリジナルの「プリンキピア」は，そのように意図されておらず，式を記述するために使える記号や記法があっただけなのだが，ヒルベルトは，「プリンキピア」の記述法を「式と呼ばれる記号の組み合わせを有限的かつ機械的に定義する規則」であると読み替えた．それは1904年のハイデルベルク講演の思想の徹底化だったのである．

ゲーデルが論文の導入部(p.17)で，形式系の論理式は，「見た目には基本記号の有限列である．基本記号の列の，どれが意味のある論理式であり，どれがそうでないかを明確に述べることは容易である」と書いたのは，このことである．同様に「証明」もハイデルベルク講演のところで説明した方法にならい，推論規則にしたがって並べられた「式の有限列」として定義する．ゲーデルの論文では，「同様に形式的な観点から見れば，証明とは論理式の(特定の定義可能な性質を満たす)有限列に他ならない」が，これに該当する．ヒルベルトは，この考え方を「証明は図である」と説明した．

そのため証明図という用語が使われることもある．

　この考え方は1904年の時点では確立していたとは言いがたい．記号さえ「思考物」という抽象的な言葉で表されていた．この時点のヒルベルトの「公理系」は，完全には形式になりきっておらず，「プリンキピア」と同様，内容的論理の残滓を抱えていたと考えるのが妥当だろう．しかし，内容をほとんど振り捨てていたことは確かである．ブラウワーたちは，それを見てとり，数学から内容を捨てるのか，と批判したのだが，ヒルベルトは，その批判を逆手にとり，残滓のように残っていた「内容」を完全に除き去ってしまったのである．形式系の誕生である．

　このように意味を徹底的に振り捨てた「式」や「証明」は，完全に「無機質」かつ「無意味」な記号の列に過ぎない．全く未知の文字で書かれた文章は，無意味な記号の羅列としてしか捉えられないのと，同じなのである．そのような「式」や「証明」ならば，記号列としての数 $1+1+1$ と何も変わりはしない．だから，ゲーデルがやって見せたように，ゲーデル数による番号付けも難なく可能なのである．

　ヒルベルトは，「通常の数学」，つまりワイルが，集合論の矛盾という国境紛争によりその安全が脅かされている，とした「その数学」を，公理的集合論や「プリンキピア」に類した公理系を形式系に改変したものと同一視する，と宣言したのである．「ヒルベルトのテーゼ」の成立である．式の有限列としての証明の一番最後の式を「証明可能な式」と呼ぶ．

そして，証明可能な式の目録を作り上げること，それが数学というタスクなのである．

証明も式も，今や数と同様に意味を持たない記号の列である．証明可能性も，そういう「物」の持つ性質に過ぎないのである．したがって，記号列としての数について，有限的・直観的に $a + b = b + a$ という性質を議論できたように，証明可能な式について，内容的数学によって語ることにも問題はない．そして，その時，無意味な記号列の目録としての数学と，それについての内容的思考としての数学という，数学の二重構造が確立される．

今までの説明をまとめるとこうなる．数学には「内容的数学」と「形式系」の 2 種類がある．形式系は「内容」が一切取り払われた「機械」のような無機質な数学である．

ヒルベルトは，その無機質な数学を内容的数学で研究することを超数学あるいは証明論と呼んだ．無矛盾性の問題は，この超数学の問題なのである．それゆえに，ポアンカレがハイデルベルク講演の無矛盾性証明に向けた批判は無効となる．それは「形式系」の帰納法の無矛盾性を「超数学」の帰納法で証明するのだから循環論法ではないのである．また，ブラウワーの排中律批判も無効である．有限的な内容的数学としての証明論では排中律は使われない．証明可能な式の目録としての数学における排中律は，単に公理と呼ばれる式のパターンに過ぎないのであり，その正当性は，無理数の存在や，無限集合の存在とともに，無矛盾性の証明により保証さ

れるのである．

このようにして「新基礎」論文で，ヒルベルト計画の基本的アイデアは，すべてそろった．しかし，まだ幾つか問題もあった．例えば，述語論理の推論法則や排中律のような無限的な論理規則の扱い方は十分説明されていなかった．この欠陥は引き続く論文で直ぐに修正されたが，長く不明瞭なままで残されたものもあった．無矛盾性証明を実行する際に許容される数学，いわゆる「有限の立場」の不明瞭さである．

5.11 有限の立場

1922年にヒルベルト計画が完全にその姿を現したわけではない．実は，その「全貌」が本当に判ったのは，1934-9年に出版されたヒルベルトとベルナイスの大著「数学の基礎」(Grundlagen der Mathematik)以後のことだと考えるのが妥当である．つまり，ゲーデル以後なのである．この逆説的事態の理由は「有限の立場」の概念の不明瞭さにあった．

無矛盾性証明のために許容される内容的数学を「有限の立場」という．この有限の立場が何であるかによって，どれだけの範囲の数学で無矛盾性が証明されるかが変わる．例えば，第2不完全性定理があっても，集合論のような強力な理論を有限の立場として認めてしまえば，大抵の現実的数学の形式系の無矛盾性は，いとも簡単に証明できてしまう．しかしそれでは「不確実なもの」で「確実なもの」の確実性を証明していることになるので意味がない．より有限的な狭い

範囲の確実な数学で，集合論のように強力で，それゆえに危険な体系の安全性保証をすべきなのである．無矛盾性証明にパラドックス対策の「安全保証」の役割を果たさせる場合には，おそらくこの選択肢しかない．

そして，この確実な数学のコアが「有限の立場」なのである．これはヒルベルト計画の最重要要素の一つであった．しかしながら，有限の立場の意味は，1920年代を通して大変不安定であったことが，数学史的研究により解明されている（文献[10]）．ヒルベルト計画のメンバーの間では，それは，あるときはブラウワーの数学と同一視され，また，あるときはクロネッカーの数学と同一視された．しかし，ブラウワーの数学自体が大変不安定なものであった．例えば，ブラウワー晩年の二一性の直観に基づく「創造的対象」の理論を使うと，排除したはずの非可述的な集合の内包原理が証明できることが知られている．クロネッカーの数学にいたっては，彼がその思想をほとんど語っていないために完全な再構成は不可能である．そして，ヒルベルトの有限の立場の説明は，クロネッカーよりは明瞭だったろうが，ブラウワーほど明瞭だったとは言えない．結局，ヒルベルト自身は有限の立場を一度として明瞭に「定義」しなかったと考えるのが，妥当だろう．

ただ，これ以上弱くすると，超数学としては，ほとんど何もできないというレベルのものが知られている．これは式としては等式のみを持ち，すべての原始再帰的関数の定義と数学的帰納法を持つ理論で，それを形式系にしたものが，

現在，**PRA**（原始再帰的算術）と呼ばれているものである．ゲーデルも，1933 年のアメリカ数学会における講演で，これを有限の立場と同一視している．しかしながら，ゲーデル自身，この有限の立場を拡張する方法を提案している．有限の立場とは，実に不安定で捉えどころのないものなのである．

ヒルベルト計画のような枠組みを考えること自体は，数学論の問題なのであるが，ゲーデルの P のような個々の形式系を厳密に定義できたため，有限の立場の「定義」を除けば，無矛盾性証明という問題は極めて数学的だった．それに比べ，有限の立場とは何か，つまり，人間に許されている確実な推論方法とは何かという問題は哲学的問題であり，不安定な問題である．それは，この解説の冒頭で説明した数学論的不完全性定理と同種の問題なのである．

「形式系の無矛盾性証明による数学の基礎付け」というヒルベルト形式主義は，「数学の基礎付け」という哲学的問題を，「数学とは何か」という部分を形式的定義により徹底的に客観化することにより，すべての不安定な非形式的問題を超数学に皺寄せしてしまう方法だ，と考えることもできる．したがって，この部分のあるべき姿について科学的な最終結論を与えることは不可能なのである．

ヒルベルトも，この問題が哲学の問題であることは認識していた．1900 年以後のヒルベルトは，新しいプロジェクトを実行する際には助手を雇うようになっていた．ヒルベルト

計画の助手は,彼の最も忠実な弟子でもあったと言われるベルナイス[101]であった.ヒルベルトは,チューリッヒで「公理的思惟」の講演を行った頃に,チューリッヒにいたベルナイスと,後に数学における発見法の著作で有名になるPólyaとを助手候補とし,最終的に,ベルナイスを選んだ.その理由はベルナイスが哲学の専門的訓練を受けたことがあったからだという.実際に,哲学者との論争やヒルベルト計画の哲学的側面に関する論文は専らベルナイスが担当している.

有限の立場の不安定さのもう一つの理由は,ヒルベルトや彼の弟子・学生たちの有限的推論への理解が十分でなかったことに起因するのだろう.この当時の論理学者は,現代的計算論とは異なった計算観を持っていた可能性が高く,そのため多くの矛盾する仮説を信じていた形跡がある.また,単純に技術的な欠陥も少なくなかったようで,それがゲーデルの定理をめぐるアッカーマンの悲劇の原因ともなったのである.

5.12 アッカーマン論文

ベルナイスと共にヒルベルト計画の中心を担うことになったのが,ヒルベルトの学生アッカーマン[102]である.1922年

---

[101] Paul Isaac Bernays(1888-1977):ドイツで教育を受けたユダヤ系スイス人数学者.ヒルベルトの忠実な助手として知られる.ナチスによりゲッチンゲン大学を追われた後はスイスに逃れた.

[102] Wilhelm Ackermann(1896-1962):ドイツの数理論理学者.アッカーマン関数で著名.

の論文の後，ヒルベルトは 1923 年にヒルベルト計画をより詳細化する論文を発表し，限量子を「代数的」な演算に置き換える ϵ-記号，π-記号の方法を導入した．また，無矛盾性証明の粗筋を示したりした．しかし，彼自身により，そのアイデアの詳細が実行されることはなく，研究の詳細部分は，すべて助手のベルナイスや学生にまかされていた．

1924 年には，ヒルベルト計画最初の実質的成果というべきアッカーマンの論文が発表された．アッカーマンがこの時心に描いていた有限の立場は，後にベルナイスとの間で取り交わされた手紙からすると，PRA であったと考えられる．つまり，最小ケースである．彼は，ヒルベルトの方針であった ϵ-記号除去の手法を使い，**第 1 階算術**と呼ばれる形式系，さらには，実数論の部分体系となるある種の**第 2 階算術**の無矛盾性を証明したのである．[103]

ゲーデルの第 2 不完全性定理をある程度理解する人ならば，この直前の文章は書き間違いではないかといぶかるだろう．第 2 不完全性定理によれば，上に書いたようなことは不可能なのである．つまりアッカーマンは間違っていたのである．[104] アッカーマンは，PRA の第 2 階算術版から帰納法を除いたものなどの，様々な形式系を考え，それらの無矛

---

[103] アッカーマンの第 1 階算術はゲーデルが論文で考えた最も弱い形式系に対応する．また，第 2 階算術は論文の P の型を第 2 階までに制限したものに対応する．

[104] アッカーマンの証明にギャップがあることは気づかれていたが，それは修復可能なものと信じられていた．

盾性証明を実行し易い「小さい」システムから順番に実行するという方針をとった．それらは数学的に言えば PRA とその様々な拡張の無矛盾性証明になっていた．しかし，その証明には PRA 自身の中では証明できない「ω^{ω^ω} までの超限帰納法」などの，後にゲンツェンが有限の立場を拡張するために使う方法の萌芽ともみなせる証明方法が使われていたのである（文献[17]）．

しかし，それが明らかになるのは，ゲーデルの定理の後であった．ゲーデルの定理によれば自分たちが達成したと信じていた無矛盾性証明がありえないことに気がついたヒルベルト計画のメンバーたちは，アッカーマンの証明を再検討し，それが意図した有限の立場を超えていることを理解したのだろう．長い年月の後，ようやく自分の誤解に気づいて半ば呆然としている様子が窺える，アッカーマンからベルナイスへの手紙が残されている．ヒルベルトが指導教官であったアッカーマンの博士論文は，ヒルベルトもベルナイスも目を通している．しかし，ヒルベルト計画のメンバーの誰もアッカーマンの本質的間違いには気がつかなかったようだ．

これは「有限的証明」の危険性を如実に物語る逸話である．有限的証明は，非常に多数の機械的な場合分けが必要になるなど，その組み合わせ論的な複雑さのゆえに，数学の証明の中でも最も人間の直観を裏切りやすい．ヒルベルトがクンマー，クロネカー，ゴルダンの数学手法を忌み嫌った最大の理由は，その点にあったろう．ヒルベルトは，そういう複

雑なアルゴリズム的証明が数学の本質を隠すと考えた．しかし今や「数学の安全性確保」という哲学的目的のゆえに，彼自身とその弟子たちが，そのような数学を実行せざるを得なかったのである．この有限的無矛盾性証明さえ終われば，彼らは有限的方法から解放される予定であった．しかし，ヒルベルトと，その弟子はそこでつまずいてしまったのである．

5.13 ブラウワーの「休戦提案」

アッカーマンの証明の「成功」に力を得て，プロジェクトは力強く推進された．数学の理論は，それが作られた目的以外にも応用できるものであり，そのような理論こそ優れた理論だということは，多くの数学者が実感として知っている．数学者は，自らの理論が自らの意図を超えたとき，理論の客観的「正しさ」への手ごたえを実感するのである．ヒルベルトは，1926年に出版された「無限について」という論文で，証明論の応用として，彼の23の問題の第1問題「連続体仮説」の証明の粗筋を与えた．この極めて有名で，また，難解な論文を理解できた読者はほとんどいなかったらしい．もちろん，この論文の結論は間違っていたのである．しかし，ゲーデルはヒルベルトの意図を理解したようで，後にこの論文のアイデアを基に連続体仮説の相対的無矛盾性という有名な仕事を行っている．

この年1926年の夏には，弱冠22歳の青年数学者フォン・

ノイマン[105]がゲッチンゲンに到着する．彼は到着早々この頃ゲッチンゲンで研究が進行していた量子力学の研究に，ヒルベルトの解析学と物理学の時代の研究成果を応用し，評判どおりの天才ぶりを示した．フォン・ノイマンのアプローチは極めて公理的であり，当然，ヒルベルトを喜ばせた．すでに公理的集合論を研究していたこの天才数学者も，ヒルベルト計画に加わった．

他方，次第に直観主義数学に失望し始めていたワイルが，ブラウワーの排中律批判の価値を強調しつつも，ついに，1927 年にハンブルクで行われたヒルベルトの講演へのコメントの中で，ヒルベルト計画が直観主義数学計画に勝つことになるだろうとまで言うようになった．しかし，このワイルのコメントをつけて出版されたヒルベルトの講演で，ヒルベルトは，「今日の数学の基礎の文献においては，ブラウワーが推し進め，また，直観主義と呼んだドクトリンが大きな部分を占めている」と書いている．後世から見ると，これはいささか悲観的過ぎる見方のように思える．あるいは，これはヒルベルトが当時の不治の病，悪性貧血に苦しめられていたことと関係があったのかもしれない．

しかし，表面的にみれば，ヒルベルトの言うような危惧も

---

[105] John von Neumann(1903-1957)：ハンガリーを代表するユダヤ系金融家の長男として生まれ，ハンガリー，ドイツ等で教育を受け研究を行う．後にアメリカに帰化．数学から米政府顧問まで数多くの分野で活躍した．

あったことは確かである．論敵ブラウワーは，1927年にベルリン大学で連続講義を行った．この講義はゲッチンゲン大学へのベルリンの対抗意識もあって，「老大家への反乱」として新聞記事にとりあげられるなど，聴衆から熱狂的な支持を得た．彼は1928年にはウィーン大学でも連続講演を行った．この時の聴衆の一人が哲学者ヴィトゲンシュタインであり，長く哲学を離れていた彼が，この講演に刺激されて哲学に戻ったという話が広く喧伝されている．また，ゲーデルが，この講演に刺激を受けて，彼の数学の哲学の一つである**数学の無尽性**を考えついた，と言われている．[106]

この頃には数学教育を直観主義数学で行う数学者もいたそうだし，優秀な若手数学者でこの新数学に興味を持ったものは少なくないようだ(文献[2])．しかし，ブラウワーとその弟子の論文を除けば，直観主義的に数学を実行した論文で現在も記憶されているものは全くない．[107] 現代からみれば，その熱狂的支持は，閉塞した時代における新奇な物への期待感から来たものだっただろうと想像できるが，同時代の目には別な風に映ったのかもしれない．

それに，ブラウワーの哲学上の影響力には侮れないものがあったのは確かだ．ヒルベルトが，どのようにそれを嫌おう

---

[106] ゲーデルは講演を直接聴いたのではなく，後に講演の内容を知っただけの可能性もあるようだ．
[107] ただし，直観主義の論理を超数学的に研究した著名な論文はA. Kolmogorovのものなどがある．

とも，証明論へのブラウワーの影響を否定するわけにはいかない．アッカーマンの 1924 年の論文のタイトルは，「無矛盾性に関するヒルベルトの理論による排中律の基礎付け」だった．ブラウワー以前のヒルベルトならば，これを数学の基礎付けと呼ばせただろう．また，ヒルベルト自身がそうすることはなかったが，フォン・ノイマンやベルナイスが，ヒルベルトならば「内容的」と言うところを「直観主義的」と言うことは珍しくなかった．どちらもブラウワーの影響である．

このような状況の中，1928 年には，ヒルベルトとブラウワーの関係が最終段階まで悪化し，その結果数学基礎論論争に政治的な決着が訪れる．最終段階の闘いをもたらした原因の一つは，ブラウワーが 1927 年末に書いたと思われる「形式主義についての直観主義的省察」という論文の出版であったろう．この短い論文の中で，ブラウワーはヒルベルトと自分の出版物を比較し，形式主義が直観主義から受けた恩恵を指摘し，また，4 項目の条件を出し，もし，ヒルベルトがこの条件を呑めば，彼とヒルベルトとの数学基礎論上の対立は，単なる好みの相違の問題として解決可能だと提案した．しかしこの休戦協定の申し出は，実質的には「降伏勧告」だった．

形式系と内容的な数学の違いを認めよという第 1 条件の説明で，ブラウワーはそのアイデアは彼の学位論文にあり，1909 年にヒルベルトに口頭で伝えてあると書いた．彼の学

位論文を読めばこれが針小棒大の主張であることが判る．この二つの概念の違いは形式系というものが全く無内容に数学的に定義され得るという経験的事実がポイントなので，形式系の概念が確立する 1920 年代までは，そういう違いがあるとだけ主張したところで「お喋り」に過ぎないのである．しかしながら，ブラウワーはヒルベルトが彼の先取権を正しく評価していないとさえ書いたので，ヒルベルトが謂れの無い剽窃の嫌疑をかけられたと感じても不思議はない．

　第 3 条件は「数学の可解性と排中律の同一性」を認めよというものだった．ブラウワーは，ヒルベルトが 1922 年の論文以後も数学の可解性思想の正しさを唱えていることを根拠に「ヒルベルトがこの二つを同一視していない」としたのである．ブラウワーには本当にヒルベルトが可解性を信じているとは思えなかったのかもしれない．しかし，これこそがヒルベルトの基礎論への関心の源だったのである．ブラウワーの提案は，それを捨てろと言うに等しい．

　排中律に無限性に関する問題が潜んでいることを，初めて明瞭に指摘したのはブラウワーであり，それがヒルベルトの数学基礎論に影響を与えたのは間違いがない．しかし，ヒルベルトが公に，そのことを認めたことはない．ヒルベルトは排中律についてブラウワー的な議論を行うようになった後でも，それがブラウワーのアイデアであると言わなかったのである．後にヒルベルトへの追悼文で，ワイルが書いたように，この点に関しては，ヒルベルトは非難されても仕方が

ない.

　このことが，誇り高く，また「正義感」を滾らせて多くの数学者と対立したことで知られるブラウワーの神経を逆撫でしないはずはなく，それが怒りにまかせたかのような「降伏勧告」につながったのだろう．しかし，それがヒルベルトの堪忍袋の緒を切っただろうことも，想像に難くない．ブラウワーとヒルベルトの間の溝は，あまりに深かった．しかも，両者の溝は数学論上の問題だけではなかったのである．

5.14　束の間の勝利

　第一次世界大戦の敗戦後，ドイツ数学界は国際数学者会議から締め出された．それにドイツ数学界は強く反発した．その結果，1928 年 8 月にイタリアのボローニャで開催された国際数学者会議に，大戦後初めてドイツ人が招かれたときには，逆に出席ボイコットの運動が起きた．その口火を切ったのがブラウワーだったのである．

　ブラウワーはオランダ人ながら第一次世界大戦後の独仏の数学界の関係に政治的に介入したことで知られている．その理由や評価についてはブラウワー研究者の間でも意見が割れているが，ブラウワーが彼独自の「正義感」に導かれた過激な行動をとる政治的人物であったのは確かである．また彼に限らず，この時代の数学者が政治と無関係でなかったのも確

かである．フランスの数学者 P. パンルベ[108]などは，プロ政治家でもあり何度も軍事大臣や総理大臣などを務めていた．ブラウワーが特別に政治的な数学者だったとは言えないのだろう．

しかし，彼の行動が目立ったのも確かである．これ以前にもゲッチンゲンをベースとする数学専門誌「マテマティッシェ・アナレン」(以下，アナレン)が，リーマンを記念する特別号を企画したとき，パンルベに寄稿を依頼することにブラウワーが反対したことがあった．第一次世界大戦後のドイツ数学者の締め出しが，パンルベの主導の下に行われ，それがあまりに不公平と考えたかららしい．

アナレンは，ゲッチンゲン大学が中心となって編集する当時最高の数学雑誌の一つで，二つの不変式論文や「数学の基礎」など，ヒルベルトの多くの論文は，この雑誌に掲載されたのである．ブラウワーは，まだクラインが雑誌編集の中心にいたときに，編集委員の一人となったが，この頃にはヒルベルトが編集の中心にいた．

一方のヒルベルトは，彼が愛してやまない数学の前には，国籍，性別，政治上の問題などを無視したことで知られている．彼の親友や学生であった優秀な数学者の多くはユダヤ

---

[108]Paul Painlevé(1863-1933)：フランスの数学者．微分方程式研究などで著名．その研究を生かし空軍の創設を提言した．1910年代からは政治に専念し，第一次世界大戦中を含め，短期ながら二度首相になっている．

人であったので，ナチス政権時に法律によって大学を追われた．その後，ナチスの教育相に「ユダヤ人から開放されたゲッチンゲンの数学の具合はいかがですか？」と聞かれたヒルベルトが，「数学？ そんなものは，もうゲッチンゲンにはありません！」と答えたというのは有名な逸話である．1928 年のこの時も，ヒルベルトはボイコットの運動を無視し，多くのドイツ数学者たちを引き連れてボローニャに向かった．

このボローニャの国際会議でヒルベルトが行った講演「数学の基礎付けの問題」は，ヒルベルト計画の意図を知る上で重要である．このときヒルベルトが初めて明瞭な形でヒルベルト計画の目標である四つの問題をリストしてみせたのである．これを現代の論理学の言葉を使って説明しよう．

第 1 問題は第 2 階算術の無矛盾性証明だった．アッカーマン論文で，第 1 階算術の無矛盾性は示された(と信じられていた)が，第 2 階算術に関しては部分的な体系しか考察されていなかった．この問題の解決により，ヒルベルトの長年の夢である実数論の無矛盾性が証明される．第 2 問題は，さらに高階の理論の無矛盾性証明である．この問題の目的には選択公理の無矛盾性証明も含まれていた．第 3 問題は，第 1 階算術の完全性である．つまり，自由変数を持たない任意の論理式 S は，第 1 階算術で証明できるか，その否定が証明できるかのどちらかであることを証明せよ，という問題である．これが，おそらく，ヒルベルトにとっての数学

の可解性の最終形態だったのだろう．ヒルベルトは，高度な数学の理論の場合，完全性が成り立たないかもしれないと言っている．可解性の問題は，40年近くを経て洗練され，また，修正されたのである．そして，最後の第4問題は，現在，第1階述語論理の完全性と呼ばれている定理を証明せよ，という問題であった．これは，本来のヒルベルト計画の問題ではなく，数理論理学の問題としてヒルベルトは説明している．アナレン事件と同じ1928年，ヒルベルトとアッカーマンの共著で，「数理論理学の基礎」という数理論理学の小冊子が出版され，数理論理学の問題である第4問題は，この本の中でも未解決問題として紹介されていた．

ボローニャから帰って2ヶ月後，ヒルベルトはブラウワーに対する新たな闘いを仕掛けた．しかし，それは数学的なものではなく，極めて政治的なものだった．アナレンの編集会議からブラウワーを放逐しようとしたのである．このヒルベルトの行動は，多くの数学者・物理学者，さらにはアナレンを発行していたシュプリンガー社の社長も巻き込む騒動に発展した(文献[3])．

編集委員の何人かは，ヒルベルトの弟子や友人でありながら，ブラウワーの友人でもあるという関係であったが，最終的には，ほとんどの編集委員は，ヒルベルトの側につき，ブラウワーをその名誉を損なうことなく降ろすために，編集委員会を一新するが新しい委員会にはブラウワーは含めない，という措置が取られた．失望したブラウワーは，この事件以

後第二次世界大戦後まで，実質的に数学から遠ざかってしまった．ブラウワーの後には，彼の弟子ハイティンク[109]などが直観主義数学の研究を続けたが，その影響力はブラウワーとは比較にならなかった．アナレン事件により，形式主義と直観主義の闘いは実質的に終わり，また，数学基礎論論争の時代も終わりを告げたのである．

ボローニャでヒルベルトが宣言したように，第1階算術の無矛盾性は達成され，第2階算術，つまり，パリ講演の第2問題である実数論の無矛盾性証明の完成も目前と考えられた．しかもブラウワーはもういない．ヒルベルトの全面的勝利である．ヒルベルトは，ボローニャ講演の第3問題，若き日の夢でもある可解性の問題の最終的解決の方策を練り始めていたかもしれない．

しかし，ボローニャの4問題のうち，最初に解かれたのは第4問題だった．朗報は思わぬところから届いた．ウィーンである．ラッセルの数学基礎論研究は，ヒルベルト計画の基礎になっただけでなく，哲学にも大きな影響を与えた．ラッセルは本来哲学者と考えられるべき人で，彼は彼の学問を数理哲学と呼んだこともある．哲学者ラッセルの影響を受けた人としてはL. ヴィトゲンシュタインが有名であるが，オーストリアの首都ウィーンには，そのヴィトゲンシュタインの初期哲学の影響を受け，数理論理学を基礎に哲学を展開

---

[109] Arend Heyting (1898-1980)：オランダの数学者．ブラウワーの学生で，直観主義数学の合理化に貢献した．

する，ウィーン学団と呼ばれる一群の人たちがいた．さらにその学団の周辺には，哲学者 K. ポッパーなど，学団に批判的ながら，彼らと強い紐帯で結びついていた人たちがいたのである．第 4 問題は，そういう人たちの一人，当時 23 歳だったウィーン大学の学生クルト・ゲーデルによって解決された．

5.15 ゲーデルの登場

ゲーデルは，第一次世界大戦敗戦後のオーストリア・ハンガリー帝国の解体により，チェコ・スロヴァキア共和国の一部となっていたモラビアの裕福なオーストリア系家族の一員として生まれ育ったが，1924 年からはウィーン大学で数学を学んでいた．

ゲーデルの興味は最初物理学だったが，やがて数学に興味を移し，数年後には，ウィーン学団との交流が始まっている．彼を取り巻く人たちの中には，フレーゲの弟子で，哲学者・論理学者の L. Carnap，そして，時たま訪れるポーランドの論理学者，タルスキ[110]などがいた．

ゲーデルは，彼の博士論文のテーマとして，ヒルベルト-アッカーマンの著作の未解決問題，つまり，ボローニャの第 4 問題を選び，これを解決し 1929 年夏には博士号を得た．

---

[110] Alfred Tarski (1902-1983)：ポーランドの論理学者．モデル論を中心に数多くの業績がある．ユダヤ系で後にアメリカに移住．"Tarski" は 20 代のカソリック改宗の際につけた姓．

その後に挑戦したのが，実数論の無矛盾性証明，つまり，ボローニャの第1問題だったのである．

この頃ヒルベルトたちは，直接に第2階算術の無矛盾性を証明する試みを続けていた．その方法は，アッカーマンの論文で取られた ϵ-記号の消去の方法である．ϵ-記号とは，例えば，4.7 の「画面に映し出される数のうちの最小の数」というような無限的な数の定義を簡単に行えるメカニズムであり，これを消去することは，無限的な証明から有限的な証明を得ることを意味していた．

ヒルベルトが試みた，ϵ-記号の消去法は，試験的に ϵ-記号の表す値を0としておき，不具合が発見されたら，そのたびに値を変更するという反復操作を考え，その上で変更は有限回しか起きないことを証明するという，ヒルベルトの「神学」の議論とそっくりなものだった．

この方法でヒルベルトが示そうとしていたのは，おそらく単なる無矛盾性ではなかったろう．1917 年頃の数学ノートには「公理的思惟」の問題(v)と思しき記述がある．[111] それによれば，ヒルベルトは，数学における全ての存在証明に対して，必ず「決定」(Entscheidung)が可能であることを数学的に証明することができないか検討していたらしいのである．この構想をヒルベルトが持ち続けていたならば，1920年代に彼が示そうとしたのは，ϵ-記号を使う超限的証明の結

---
[111] Cod. Ms. Hilbert 600:3, p.95.

論が，有限の立場でも意味を持つ論理式の場合は必ず正しい，という事実だったはずである．

しかし，そういう事情を知らないゲーデルは，ヒルベルトたちの研究方針に違和感を持ったようだ．彼は，アッカーマンやヒルベルトが主張したように第1階算術の無矛盾性を証明できるというのならば，第2階算術の解釈を，第1階算術を使って作れば十分ではないか，と考えたのである．これは，ちょうど，非ユークリッド幾何学のモデルをユークリッド幾何学を使って作るようなもので，後にゲーデルが連続体仮説と選択公理の無矛盾性を証明した時にも同じ方法をとっている．

しかし，研究を進めたゲーデルは，この方法が不可能であることに気がついた．この方法が実行可能であるためには，集合を論理式に置き換えても，集合の内包の公理が成り立つことを示さなくてはいけない．第1階算術には集合概念がないからである．しかし，それは不可能なのである．ゲーデルは，まず，この不可能性に気がついたのだろう．その後，そこから逆に推論して，第1不完全性定理に到達したと考えられる．このような無矛盾性証明の努力の中で第1不完全性定理を得たということは，ゲーデル自身が証言していることだが，その過程の詳細は知られていない．しかし，第7章で，この推論過程の再現を試みた．あくまで推測に過ぎないが，近からずとも遠からずという再現ができているはずである．

5.16 1930年ケーニヒスベルク

1930年，ヒルベルトは教授職の定年年齢である68歳を迎えた．ヒルベルトの出身地であるケーニヒスベルク市は，彼に名誉市民号を贈ることを決定した．授章式は，その秋に，ケーニヒスベルクで開催された，ドイツ自然科学者・医学者協会の第91回年会で執り行われ，その席上でヒルベルトは受章講演を行うことになっていた．

この会議の前の9月5日から7日には，精密科学会の認識論に関する第2回会議が同じケーニヒスベルクで開催された．この会の開催にはウィーン学団が深くかかわっており，会議の主要テーマの一つは数学の基礎だった．第1日目には，形式主義，直観主義，論理主義，そして，ヴィトゲンシュタインの数学論の各立場から，数学の基礎に関する招待講演が行われ，最終日には，招待講演者による討論が行われた．形式主義について講演したのはフォン・ノイマンであり，直観主義を代表したのはハイティンクであった．議論はヒルベルトとブラウワーの闘いとは違い，紳士的に進行した．人付き合いの良いフォン・ノイマンと温和なハイティンクでは当然であった．

議論の内容が「無矛盾性のみで，形式系の正当性を保証できるか」という問題に移ったとき，彼の完全性定理について研究発表を行うためにこの会議に出席していたゲーデルが，「無矛盾性のみでは，その理論の正しさは保証できない．それは，すべての正しい論理式が証明できる数学の形式的理論

があると言えないからだ」という発言を行った．それに対して，フォン・ノイマンが「その事実は，まだ，証明されていない」とコメントし，これに促されて，ゲーデルは次のように発言した．「古典的な数学の体系の無矛盾性を仮定した上で，内容的には正しいのにその体系の中では証明できない命題の例を作ることができる．したがってこのような命題の否定を公理として付け加えると，数学的には偽であるのに，拡張された体系全体は無矛盾であることになる」

これが「第1不完全性定理」が公の場に姿を現した最初である可能性が高いと言われている．数学の体系が正しく作られていれば，正しい命題の否定が証明されるはずがない．したがってゲーデルの言う「内容的には正しいのにその体系の中では証明できない命題」は，それ自身もその否定も体系の中では証明されないことになる．表現が直截的ではないために一見そうは見えないが，ゲーデルが発言したことは第1不完全性だったのである．

ただちにゲーデルの発言の重要性を理解したフォン・ノイマンは，討論後，ゲーデルと，彼の定理について議論を行ったという．しかしフォン・ノイマンは，このニュースをヒルベルトに伝えなかったらしい．ヒルベルトは予定どおり，「自然認識と論理」と題した有名な受章講演を行った．講演後，ヒルベルトはラジオ放送用に講演のダイジェスト版を録音するよう依頼された．そのため，我々は，現在でも，彼のしわがれた，しかし，どこか軽妙な明るさを伴った声を聞く

ことができる．彼は，パリ講演でのイグノラビムス批判を繰り返した後，こう結んだのである．「我々は知らねばならない．我々は知るであろう」

5.17 終焉

ゲーデルの論文第3節の内容である算術的な決定不能命題の存在は，フォン・ノイマンの示唆であるという．つまり，ケーニヒスベルクの発言の時点でゲーデルが得ていたのは論文第2節までの結果だと思われる．しかし，ゲーデルとフォン・ノイマンがケーニヒスベルクで話した内容の詳細までは伝わっておらず，その真相はわからない．

他方で，公刊されている書簡などで確認できる事実もある．第2不完全性定理の発見は，ケーニヒスベルクの後であり，ゲーデルとは独立にフォン・ノイマンも第2不完全性定理を発見したという事実である．フォン・ノイマンは，1930年11月20日に，彼の発見をゲーデルに書き送ったが，彼がゲーデルから受け取ったものは，11月17日にウィーンの「数理物理学雑誌」の編集委員会が正式に受理した，ゲーデルの不完全性定理論文の写しだった．これを見たフォン・ノイマンは，この発見に関する一切の権利を主張することを諦め，自分は論文を発表することはないという手紙をゲーデルに書き送っている(文献[5]V)．

ゲーデルの結果をヒルベルトに知らせたのはベルナイスだった．その時，ヒルベルトは，「怒った」ように見えたとい

う．ヒルベルトが，その四十数年の数学人生の，ほとんどすべての期間，信念として堅持していた「数学の可解性」を，ボローニャの第3問題として最も厳密な形に定式化した直後に否定されてしまったのである．それと対を成す，1899年以来の彼のもう一つの夢，実数論の無矛盾性証明も，第2不完全性定理により否定されたばかりか，それまで成し遂げたと信じていたことまで否定されたのである．この老大家が，ゲーデルの定理の意味を完全に理解したときの落胆は大きかったに違いない．

ゲーデルの論文は1931年に出版されたが，その結果は，出版以前から，フォン・ノイマンたちによって，論理学者，哲学者，数学者たちの間に広く伝わっていった．数学者 P. Finsler による先取権の主張，形式系というものを理解できなかったツェルメロの批判など，極く少数の摩擦はあったものの，この驚異的な結果は，ほとんど抵抗無く瞬く間に受容されていった（文献[11]）．

予想されたヒルベルト計画のメンバーからの反論は実質的に無かった．それどころかゲーデルの成果を真っ先に受容したのは彼らだったとも言える．自ら無矛盾性証明に挑戦していたフォン・ノイマンや，フランスのエルブラン[112]は，第

---

[112] Jacques Herbrand (1908-1931)：フランスの数学者．独自の方法でヒルベルト計画の目的を追求した．代数的整数論でも短期間に優れた業績を上げ，将来を嘱望されたが23歳のとき山岳事故で亡くなった．

2 不完全性定理が証明された直後から，有限の立場による無矛盾性証明の可能性は不可能という結論を下そうとしたが，ゲーデルが結論を出すには早すぎるとたしなめていたほどだったのである．

1931 年に，ヒルベルトは形式系を ω-推論規則という無限的推論規則で拡張し，それにより排中律が証明できるという奇妙な論文を書いた．これはゲーデルの定理への対抗策と考えられないこともない．しかし，ベルナイスによれば，この研究はゲーデルの研究とは関係なく進められていたものだという．少なくともゲーデルやゲーデルの定理への言及は一切ない．しかも，そのように拡張された体系でも認識論的に意味を持つ形で使用すると，ゲーデルの不完全性定理（の拡張）が成り立つ．

退職したヒルベルトは，ゲーデルの定理について公にはほとんど発言しなかった．唯一の例外がヒルベルト–ベルナイスの 1934 年の大著「数学の基礎」の前書きである．ヒルベルトは「ゲーデルの結果により証明論が実行不可能となったという見解は間違いであり，それは有限の立場の拡張が必要であることが判明しただけだ」とコメントしたのである．ヒルベルト計画は，ゲーデル後も，ゲンツェン[113]の新たな参加などにより継続はされたが，ヒルベルトが積極的にこの計

---
[113] Gerhard Gentzen(1909-1945)：ドイツの論理学者．プラハのドイツ大学の教員だったが，1945 年にソ連軍に逮捕され収容所で病没した．

画を継続した形跡はない．大著「数学の基礎」も，すべてベルナイスによって書かれていた．やがてナチスによりベルナイスを含むユダヤ人が追放され，「数学がなくなってしまった」ゲッチンゲンで，ヒルベルト計画も静かに消えていったのである．

6 不完全性定理のその後

これまでの解説では，ゲーデルの不完全性定理を「終焉」として扱ったが，それですべてが終わってしまったわけではない．実質的な終焉を迎えたのは，ゲーデル自身の言い方にならえば「数学の基礎付けについての認識論的問題への挑戦」として遂行されたヒルベルト計画である．その可能性を否定したゲーデル自身が指摘したように，それには数学としての意味もある．そういう数学としての数学基礎論は，むしろ，ゲーデルの論文をパラダイムとすることにより，ゲーデル以後に始まったのである．

この章では，ヒルベルト計画とゲーデルの定理が後世へ残した影響，また，その余波の中で，現在も続けられている研究の視点から，ヒルベルト計画とゲーデルの定理が持つ歴史的位置と意義について説明する．

6.1 ゲーデルの見解

まず，ゲーデルが，彼の不完全性定理をもとに，ヒルベルト計画の意味や可能性を，どのように理解していたかを説明しよう．ゲーデルは論文の最後に，第2不完全性定理がヒルベルト計画の無矛盾性問題に反するものではないと書いた．さらには，フォン・ノイマンやエルブランが有限の立場による無矛盾性証明の不可能性を主張するのを，「早急すぎ

る」とたしなめていた．しかし，1933年のアメリカ数学会での講演「現在の数学基礎論の状況」(文献[5] III, pp.45-53)で，有限の立場の形式化として体系 A と呼ぶものを定義し，それに第2不完全性定理を適用し，有限の立場による無矛盾性定理の可能性を否定した．1931年から1933年の間に何が起きたのだろうか．

　超数学を形式系の中で実行するという，ゲーデルのアイデアは，当時としては極めて斬新であり，例えば，「プリンキピア」の中で，どれだけの超数学の推論が形式化されるかは自明でなかったと言える．実際，超数学の推論は，見かけ上，通常の数学と大きく異なる．そのために，当時すでに「プリンキピア」などの形式系で，数学のほとんどの推論が再現できるというコンセンサスが出来始めていたとはいえ，非常に手順的な超数学の推論が，デーデキント-カントール的な数学を形式化するために作られた「プリンキピア」などで形式化できる，自明な根拠は無かったと言ってよい．

　例えば，ブラウワーは，すでに古典論理とは両立しえない連続原理を直観主義数学で使っていた．したがって，ブラウワーの直観主義数学を使う超数学は，そのままでは，例えば「プリンキピア」では形式化できなかったのである．

　内容的，つまり，非形式的な推論が，どれだけ形式化できるかは，経験的に知るしかない知識である．有限の立場による無矛盾性に挑戦していたフォン・ノイマンやエルブランならば，その経験から不可能性を実感できただろうが，そうい

う経験に乏しい慎重な性格のゲーデルが,彼らの無矛盾性証明は不可能という結論に容易に同意しなかったのは,納得のいくことである.

ゲーデルが,1931年から1933年までの間に,ヒルベルトたちの文献を分析したらしいことが,1933年の講演の発言から判る.おそらく,自らも有限の立場とは何であるべきか,という省察を繰り返したであろう.そういう研究の後に,ゲーデルは,ヒルベルトたちの有限の立場についての自らの見解を得るにいたり,それを基に,有限の立場による無矛盾性証明の可能性を否定したのである.

もちろん,この否定には「ヒルベルトの有限の立場=体系A」という前提が入っており,第2不完全性定理自身とは異なり,数学の定理として不可能性が証明されたのではないことに注意して欲しい.すでに説明したように,歴史研究の成果によれば,ヒルベルトたちの有限の立場に対する見解は,ジェット・コースターのように乱高下していたのであり,ゲーデルの見解も,「ヒルベルトたちの有限の立場のうち,最も厳密な(狭い)ものの形式化が体系Aである」という仮定の下でしか正しくない.この仮定を否定すれば,無矛盾性証明実行の余地があるとすることも可能である.しかし,それも解説の冒頭で説明した「数学論的命題」なのである.

ゲーデルは,1933年の講演で最も厳密な意味での有限の立場による無矛盾性証明の可能性を否定した後,有限の立場

を直観主義に置き換えた場合の無矛盾性証明の可能性に言及し，その意義を検討した．その結果，ブラウワーやハイティンクの数学で使われる抽象的な「証明」や「構成」の概念が非可述的であることを指摘し，このルートによる無矛盾性証明の可能性も否定した．この講演の主張がどんなものだったか，もう少し詳しく説明しよう．

この頃，ゲーデルは，直観主義的な否定を2重に繰り返すことにより，排中律を直観主義的な体系の中で解釈する比較的簡単な方法を発見していたのである．この結果からすると，直観主義による排中律の無矛盾性証明が与えられたと考えることができた．しかしゲーデルは，その方法による還元先である直観主義数学が孕む問題点を数学論的議論により明らかにすることによって，直観主義的に思考することが，数学の安全性保証という問題に関しては，ほとんど意味がないことを指摘し，それを基に直観主義による無矛盾性証明の意義を否定したのである．このゲーデルの議論により，ブラウワーが主張していた直観主義による数学の基礎付けというプログラムの意味も大いに減退してしまったと言える．しかしまた，ゲーデルはその同じ講演を，将来における基礎付けの可能性を示唆して終わっているのである．この可能性とは何だったのだろうか．それを理解するにはゲーデルが5年後に行った講義を検討する必要がある．

6.2 二種類の無矛盾性証明

ゲーデルは 1938 年に，ウィーン学団の関係者 Zilsel のために不完全性定理に関する講義を行い，無矛盾性証明についての極めて興味深い議論を行った（文献[5] III, pp.112-113）．ゲーデルは，ヒルベルトの論文「無限について」(1926)にならい，無矛盾性証明の意義を，(A)数学の全体を，その極く小さい一部分に還元すること，と(B)数学理論をより堅固だと皆が納得する基礎に還元すること，の二つからなると主張した．そして，(A)は彼の第 2 不完全性定理で望み薄となったが，(B)の可能性は，彼の定理によってはいささかも損なわれておらず，この(B)の意味で，「ゲンツェンの無矛盾性証明」や，「高階関数による無矛盾性証明」の意味は損なわれないとしたのである．この「高階関数による無矛盾性証明」とはこの講義で説明されたものの公表は 20 年後になった，ゲーデル自身の無矛盾性証明のことである．

また，この頃までにゲンツェンは，ヒルベルトの 1922 年の論文における記号列としての自然数 $1+1+1$ の考え方をある種の超限数にまで拡張していた．そしてその有限記号列として定義された超限数に関する帰納法を使い，第 1 階算術の無矛盾性証明を行っていたのである．これがゲーデルが引用した「ゲンツェンの無矛盾性証明」である．

つまりこの時点で，アッカーマンが挑戦した，第 1 階算術の無矛盾性証明に対して，二つの解が得られていたのである．ゲーデルは，これらの証明の意義をどう解釈していたの

だろうか．これは(B)の意味を検討すると判ってくる．

(B)は，ブラウワーの時間直観，あるいは「構成」のような「何らかの意味で排中律や無限的手法よりも確実とみなせるもの」に，排中律や集合などの疑問符のついた原理や概念を還元することであった．この場合は，(A)の場合の「部分である」という客観的特性による意味付けと異なり，例えば「カント哲学(の時間直観)を信じる」というような「何らかの意味」により，還元に意味が与えられる．「何らかの意味」には標準的基準のようなものはないから，この還元に意味があるかどうかは，その都度「何らかの意味」を認識論的・数学論的に検討することよって問われなくてはならない．ゲーデルが1933年の講演で，直観主義的な「証明」や「構成」の概念を検討し，その非可述性を発見して，直観主義を数学の還元先とすることを退けたのは，そのような「検討」の典型例だったのである．

この(B)の場合，還元先に，還元されるものからはみ出した部分があっても構わない．はみ出した部分が「何らかの意味」で「より堅固」だと納得できればよいのである．例えば，ゲーデルの場合は，それが高階関数であり，ゲンツェンの場合は，ある種の超限帰納法だった．ゲーデルはこの意味で，彼とゲンツェンの無矛盾性証明を数学的に大変意味があるものとしたのである．

この(B)の意味での無矛盾性証明は，「何らかの意味で」という判断基準の不定性を持つがゆえに，本質的に相対的

な性格を持つ．つまり，この部分で，数学論上の見解の相違が発生する可能性が高く，ゲーデルが言う「すべての人が納得する堅固な基礎」があるかどうかは大変疑わしい．例えば，ゲーデルが 1933 年に直観主義数学が数学の基礎（還元先）として適当でないと判断したのは，その証明概念が非可述的だったからだが，ブラウワーならば可述性より時間直観に価値を見出すだろう．これはゲーデルの数学観（価値観）に基づいた議論であり，万人がそれに同意することは現実にはないのである．

　しかし，ゲーデルは，1933 年の講演ではこの「万人が納得する (B)」に希望を持ち，将来の可能性を期待したのである．このゲーデルの「期待」は，彼を含む多くの研究者により「構成の理論」として研究が続けられたが，現在にいたるまで，万人が納得するような還元先と「何らかの意味」は発見されていない．どうしても，哲学的，あるいは，嗜好的問題による意見の相違が生じるのである．1938 年の講義では，この期待も後退しているような印象を受ける．

　これに反して (A) の場合は，「基礎付けられるものの小部分である」という，ある意味で非常に客観的な条件が「何らかの意味」として使われており，これがヒルベルト計画の「客観性」，「普遍性」を支えていたと言える．PRA，あるいは，ゲーデルの A は，ワイルも，ブラウワーも，そして，クロネカーでも問題視しない推論方法のみしかもたないように形式化されていた．したがってもし，これにより，

すべての数学の無矛盾性が証明できれば，(A)も(B)も一挙に解決できたはずだった．数学の原理は可述的なもの，非可述的なもの，排中律を許すもの，許さないものと，様々あるが，こと無矛盾性に関して言えば，どんな場合でも，有限の立場 PRA という，唯一で絶対的な還元先があることになる．

　無矛盾性は，体系の内容を表さない組み合わせ的な性質に見えるから，このように PRA で充分と仮定しても不自然ではなかったろう．しかし，実際には，無矛盾性という小さく特殊なものに見える性質の中に，すでに体系の「強弱」の本質が押し込められているというのが，ゲーデルの第 2 不完全性定理が教えることなのである．ヒルベルトは有限の立場で集合論の無矛盾性まで証明できると信じた．ヒルベルトは，無限的証明方法と有限的証明方法で証明できるものは異なり，異なる数学論に基づく異なる数学理論の間に階層的な差異が存在することは知っていた．だから，そのうちの，より強力で生産力の高い階層である集合論を守ろうとしたのである．

　しかし，ヒルベルトは，無矛盾性に限定すれば，これらの数学の異なる階層は同格だと考えた．つまり，無矛盾性のような問題に限れば，数学は「平坦」だと考えたのである．ところが実際には無矛盾性にも「階層」が存在したのである．この意味で，「基礎の問題を無矛盾性問題にのみ限定した上で，すべての無矛盾性問題を一番弱く小さく絶対的な有限の

立場に還元することにより数学の基礎付けの問題を一挙に解決する」という,認識論的意味での無矛盾性証明の目論見は不可能となったと結論してよい.

しかし,特定の数学の部分が,何かの理由で,より堅固であると思われる数学の部分に還元されることは可能だ.これが(B)の場合,つまり,ゲンツェンやゲーデルの無矛盾性証明なのである.しかし,これが「万人に受け入れられるか」という問題は,数学論や哲学の問題であり,数学の問題ではなく,これに数学程度の客観性を期待することは無謀なのである.

もし,形式系 A を,無矛盾性証明の基盤として使うと決めてあるのならば,基盤が一つしかないので,「実数の無矛盾性証明ができた」という絶対的な言い方ができる.しかし,(B)の場合には,数学の安全性の還元先の基盤が多数ありえるので,そういう言い方は無意味であり,「実数論の××という超限的性格を,○○という構成的原理に還元した」というような相対的な言い方しかできない.この意味で,ゲーデルやゲンツェンの証明に対して,よく問われる「それは無矛盾性証明か」という問いには「その質問には意味がない」と答えるか,あるいは,(A)の場合の絶対的無矛盾性証明の可能性を問うものと考えて,「否」と答えるべきであろう.

ちなみに,ゲンツェンやゲーデルの無矛盾性証明は,第二次世界大戦後,主に,日本,ドイツ,アメリカを中心に発達

を遂げ，特に，1960年代から70年代にかけて，当時の論理学界を代表する論理学者であった竹内外史，K. Schütte, G. Kreisel, S. Feferman などにより重要な研究成果が得られ注目された．そして現在も，主に純粋数学的立場から研究が継続され優れた成果が得られている．

6.3 基礎としての公理的集合論

現在でも，数学としての無矛盾性証明の研究が続いているように，ヒルベルト計画は雲散霧消したわけでもないし，何も残さなかったのでもない．まず，それは形式系という概念を残した．形式系の概念が，情報科学に与えた間接・直接の影響は極めて大きい．また，数学に話を限定すれば，形式系となった公理的集合論が，「数学の基礎付け」に果たした役割が，ヒルベルト計画の最大の功績と言えるだろう．

「プリンキピア」や公理的集合論の無矛盾性を，厳密な意味での有限の立場で証明することはできない．しかし，信じることはできる．多くの数学者にとっては，この「秩序」は，ワイルの「新危機」における宣言とは異なり，十分に信頼するに足るものなのである．ワイルの「新危機」が執筆された時には，これらの体系は導入以後10年も経ておらず，しかも，その間には世界大戦というギャップがあり，さらには，その時点では，それはまだ形式系でなかったという事情がある．しかし，ヒルベルト計画後，そして，ゲーデル以後には，この事情は大きく変わる．

ツェルメロがゲーデルの論文を,自分の非形式的な集合論の直観で解釈して誤解してしまったように,ヒルベルト計画前の公理的集合論は,それほど客観的に明確な体系とは言えず,それゆえにワイルのような不安を持つことは共感できることである.しかし,ヒルベルト計画以後には,ツェルメロのような,「外化された数学知」という形式系の特質を理解できない人は別として,形式系という,最も客観的な条件で規定された数学理論に対する解釈の差は専門家の間では実質上無くなってしまった.それ以前と異なり,数学者間の集合論における推論・証明についての見解の相違が除去されたのである.

また,「通常の数学」の議論のほとんどが,公理的集合論に還元されることも経験上確かめられた.時間が経過するにつれ,公理的集合論から矛盾を導くことが不可能らしいことも経験的に判ってくる.さらには,ゲーデルの定理を知れば,集合論より堅固な基礎を追い求めることが如何に難しいかも理解できる.

このような状況下では,6.2 で説明したゲーデルの条件 (B) を満たす「堅固な基礎」として,集合論自体を選ぶという選択は,認識論に興味を持たないほとんどの数学者にとっては不自然なことではない.ワイルが指摘したように,多くの数学者にとっては,集合論のパラドックスは,彼らの研究には直接の関係を持たない「辺境の国境紛争」だったのである.そして,ワイルの「崩壊の予想」に反し,この秩序は

見事に守られ続けているのである．ヒルベルトの 1922 年の「新基礎」の言い方をまねれば，現代数学という国家権力は，ラッセル，ツェルメロ，ヒルベルト，フォン・ノイマンたちの努力により，形式化された公理的集合論により要塞化され，その要塞が不可侵のものであることを認識論的に保証することはできなかったが，経験的事実に基づいて要塞の不可侵性への信頼は日に日に増しているとさえ言えるのである．

　また，多くの数学者は，彼らの「社会基盤」である共通言語としての集合論に，認識論的な安全性などは求めていない．集合論が数学の本質とも考えていない．多くの数学者は，集合論を数学を記述しやすい言語，つまり，道具と考えており，数学の本質はそれ以外にあると思っている．集合論は，いわば価値に対する貨幣である．それが「表現」する価値にあたる「真の数学」は，どこか別なところにある．これが多くの数学者のメンタリティーであり，そのことは，第二次世界大戦後に公理的集合論を数学の基礎の実質標準とすることに貢献したフランスの数学者集団ブルバキの見解に，見事に表れている．ブルバキは，公理的集合論を数学の基礎としながらも，「もし，未来にそれが破綻しても数学は必ずや新しい基礎を見つけるだろう」という信念が，数学者を落ち着いた気持ちで仕事に専念させるのだと書いたのである．

　これはブラウワーの哲学的懸念とは大きく異なる立場だ．ヒルベルトにも，このブルバキ的な感性が強く見られる．しかし彼はパラドックスに彼の数学革命の危機を見たために，

そして，不変式論における，無限数学の有限数学による正当化という自らの経験を全数学に拡張してしまったために，間違ってしまったのである．

ゲーデルは，先に引用した(1.2参照)「哲学の見地から見た数学の基礎の近代的発展」で，このヒルベルトの「誤り」を，本来，超越的な「信念」でしか正当化されない無限の世界を，正反対の有限的・懐疑的な方法により正当化しようとした「奇妙な交配種」と形容し，それは本質的に失敗する運命にあったとしている．ゲーデルも，ブルバキ同様，数学の究極の基礎付けは，「信念」に求めるしかないと考えたのだろう．

6.4　数学基礎論の数学化

このように，矛盾に対する数学の不可侵性を確立するという，認識論的意味でのヒルベルト計画は，ゲーデルの定理により可能性が否定された．また，公理的集合論への数学者の信頼により，その目的の必要性も次第に消えていった．ゲーデルの論文は，技術面でみれば，完全にヒルベルト計画の線上に位置しており，ある意味では，これもヒルベルト計画の一部とみなすことさえできる．形式系としての公理的集合論が，ヒルベルト計画の一部であることは論をまたない．この意味において，ヒルベルトの意図とは全く異なった結末になったものの，ヒルベルト計画は，無矛盾性の問題を「解消」することに成功したとさえ言える．

この「ゲーデルの定理が無矛盾性の問題を解消した」という見方には反対も多いだろうが，ゲーデルの定理以後，論理学者の見る対象が大きく変わったのは確かである．数学基礎論とは，数学の基礎を論じる学問であり，それは哲学的議論を必要とする．そのために，ヒルベルトとブラウワーの間で，数学では比較的珍しい「論争」が起きたのである．

　しかし，数学が形式化され，(超)数学の対象となった後には，「数学の基礎」は数学として研究できるのである．ゲーデルの Zilsel 講義の(B)の意味の無矛盾性証明の研究であろうとも，間違いなく数学であり，ゲーデルやゲンツェンが示したように，数学者が研究するに足る数学的構造を持っているのである．

　このようなことが判るにつれて，数学基礎論は急速に数学化を始め，現在では，数学基礎論の研究というものは，ほとんど存在しないといってもよい状況である．圏論という抽象代数学の創始で知られるアメリカの代数学者 S. MacLane は，初期ナチス政権下のゲッチンゲンで，ベルナイスに数理論理学を学び，論理学の学位を取得した人である．その「古きよき時代」を知る MacLane の目には，現在の繁栄する数理論理学は，数学基礎論ではないと映ったようだ．20 世紀と 21 世紀の変わり目ころ，すでに 90 歳を越していた MacLane は，盛んに数学基礎論再興の必要性を講演して回っていた．

　この逸話が象徴するように，現在，わが国で「数学基礎

論」という名前で呼ばれている学問は，海外では数理論理学と呼ばれることの方が多く，「数学を基礎付ける」ための学問というよりは，論理の構造，数学における論理的構造などを研究する数学の分野となっているのである．

この傾向に，ゲーデルの論文は認識論的なヒルベルト計画の不可能性を示したこと以上の貢献をしている．ゲーデルの論文が，「数学としての数学基礎論」，あるいは，現在海外で，手短に「ロジック」(論理学)と呼ばれる現代的数理論理学という数学の一分野のパラダイムとなったのである．

特に，計算の理論，あるいは，再帰的関数論(帰納的関数論)の成立にゲーデルの論文が果たした役割は，幾ら強調しても十分強調しきれないくらいである．再帰的関数論設立の最後のステップは，ゲーデル自身が英語版補足に書いているように，1936年のチューリングの研究によりなされた．これにより，数学知の外化としての形式系が本当に「人間精神」とは独立した機械によって操作可能であり，そして，この機械的ということこそが，有限操作としての計算の本質であることが判ったのである．[114] そして，不完全性定理の兄弟とも言うべきチューリングの決定不能性定理を通して，ゲーデルの定理は，人工知能などの情報科学にも大きな影響

---

[114] ヒルベルトが誤った原因の一つは，チューリング計算可能性と彼の計算可能性の違いにあったと考えられる．ヒルベルトにとっての計算は，計算が始まる前に必要な計算ステップが予測できるものでなくてはならず，その結果，原始帰納的になるのである．

を与えている．ゲーデルの定理に関する，最も有名で優れた一般書が，人工知能研究者ホッフスタッターにより著されたのは偶然ではないのである．

現在では，数理論理学は，証明論，再帰的関数論，構成的数学，モデル理論，公理的集合論など，多くの分野に分かれ，極めて高度な純粋数学として発展を続けている．また，計算機科学への応用も活発に行われている．この隆盛は，形式系と有限性についての数学的研究が開始された数学基礎論論争の時代と，それの最後に位置するゲーデルの論文抜きには，語ることさえ不可能なのである．

6.5 ヒルベルトもブラウワーも正しかった？

不完全性定理をめぐる歴史解説の最後に，比較的最近の数学基礎論的展開について触れておきたい．最近の展開を知っておくことは，いわゆるポストモダン系の議論に多い，ゲーデルの定理を「根拠」とする素朴な相対主義的・限界論的結論の解毒剤としても有効である．[115]

直観主義数学が，数学者の賛同を得ることが出来なかった主な理由は，数学の多くの部分が再現不可能であることと，再現できる場合も証明が複雑になることだったろう．つ

---

[115] 社会と数学のアナロジーを用いゲーデルの定理を根拠としてポストモダン論を展開する議論は未だ少なくない．しかし，このアナロジーを 1931 年の数学の情況ではなく，現在の情況に適用すると，ポストモダン的社会ではなく，むしろ，A. Giddens などの社会学者が描き出すような社会像が浮かび上がってくる．

まり，数学的成果の生産と生産性の問題なのである．ブラウワーの連続性原理などの直観主義原理を使えば，これは少し緩和される．しかしそれは，蓄積された資産としての膨大な古典的数学と相容れないため，ほとんどの数学者にとって，この道は論外だった．

しかし，1967年，ビショップ[116] は，排中律，非可述的集合，ブラウワーの原理のいずれも使わない，通常の数学的推論方法の一部分だけで解析学の非常に大きな部分を再構成してみせた．また，彼の後継者たちは，ビショップの方法を他の数学の分野にも広げていった．これをビショップの**構成的数学**という．ビショップの構成的数学における証明は，やはり少し複雑ではあったが，事情を知らない数学者が読んだ場合には少し奇妙で迂遠な証明をする普通の数学，という印象を持つ程度だった．[117]

また，排中律は公理として持つが，可述的集合論の原理しか持たない形式系の中で数学の形式化を行うという，ワイルの「連続体」の線上にある研究も進み，この研究でも，1920年代に考えられていたより遥かに多くの数学が，再現されることが確認された．

---

[116] Errett Albert Bishop(1928-1983)：アメリカの数学者．関数解析学における数多くの重要な業績で知られる．

[117] ただし，そういう証明を見つけることはそれほど容易ではない．5.7で触れた計算可能性数学同様，構成的数学の証明を発見することは，単にそれを証明するより難しく，普通の数学とは別のスキルを必要とする．

これらの理論のポイントは数学概念の定義にあった．非可述的集合論や排中律は，数学の証明で常に必要なのではない．これらの理論が明らかにしたのは，非可述的定義や排中律などの「問題のある」原理は，少なくとも 20 世紀初頭までの数学に限れば，滅多に使われることはなく，無限算術化における実数などの基礎概念の定義と，その基本性質を示す部分などの，比較的限定された場所，ワイルの言葉を借りれば「数学の辺境」に集中しているという事実であった．

　そのために，無限算術化を原型のまま，可述的集合論や排中律のない数学で実行しようとすると，基本的性質の部分，つまり最初でつまずく．最初だけにその印象は強い．しかし，そういう部分は，基礎として重要ではあるが，多くの数学者が数学の本質とは見なさない部分なのである．6.3 で引用したブルバキの考え方でいえば，非可述的原理や排中律が必要な部分の多くは，集合論という「数学記述言語」に依存する部分であり，集合論が将来不適当と判明して，他の「基礎」に乗り換えたときにも残るであろう部分では，その使用頻度が比較的少ないのである．

　もっと具体的に言うと，非可述的原理や排中律が必要なのは，主に無限算術化における概念，例えば実数の基本的性質を証明するときなのである．そこで，ビショップたちの方法では，実数のそういう基本的性質を証明することは断念し，そういう性質を持つものが実数だと定義してしまうのである．もちろん，こういう御都合主義的なことを行って，数学

理論をうまく再現できるアプリオリな保証はない．しかし，ビショップたちは，それが本当に実行可能であることを実際にやってみせたのである．

この方法には，もう一つのポイントがある．例えば実数概念の定義を「御都合主義的に強化」してしまうと，π や $\sqrt{2}$ のような実数の実例を定義したときに，それが「強化」された実数の定義の条件を満たすことの証明のところで，排中律や非可述的原理が必要になるかもしれない．そうであったならばビショップの「定義強化路線」は失敗に終わったはずである．しかし，驚くべきことに，現実的な実例の場合には，ほとんどすべての場合に，実例が「強化」された定義を満たすことは排中律や非可述的原理なしで証明できたのである．

1970年代には，このアイデアを，さらに進める**逆数学**という分野が登場し，PRA と本質的には同じだけの安全性を持つ第2階算術の部分体系の中で，極めて多くの数学が再現されることまで証明されている（逆数学の体系では排中律を許容し，集合の公理や数学的帰納法に制限をもうける）．つまり，数学のかなりの部分が，最も厳密な意味での有限の立場と同等の数学の部分体系で実行可能なのである．例えば，解析学の定理でこの範囲で証明できるものも少なくない．

このため逆数学の研究者たちは，これをヒルベルト計画の部分的達成と称している．実際のヒルベルト計画は，数学が十分実行できる形式系を構築し，それの無矛盾性を有限

の立場で証明することだった．逆数学の場合は，この体系がPRAと同等の第2階算術の部分体系やその拡張となるのだが，その無矛盾性は，第2不完全性定理により，PRA，つまり，有限の立場では証明することができない．したがって，逆数学の研究者たちの主張には誇張が入っている．それでも，この結果はゲーデルが議論したヒルベルト計画の条件(A)と(B)のうち(6.2)，第2不完全性定理により放棄されたはずの(A)の条件が，数学の相当大きな部分で半ば達成可能だという重要な事実を示しているのである．[118]

これらの結果が示すことは，内容的・非形式的概念の形式化の方法を見直すことにより，無矛盾性に関するヒルベルトの主張が，その哲学的主張を含めて，部分的にならば達成できるということである．実は，この「内容的・非形式的概念の形式化」には大きな問題が残されている．

第2不完全性定理は，大雑把に言えば「体系Pの無矛盾性を主張する論理式は，P自身の中では証明できない」という定理である．話を簡単にするために仮定は省略して考えている．この定理には，本質的に「内容的・非形式的概念の形式化」がかかわっている．「体系Pの無矛盾性を主張する論理式」とは，「体系Pの無矛盾性」という非形式的な概念を表す形式的な論理式のことである．そういう論理式Fが

---

[118] 逆数学の主な目的は，数学の個々の定理がどれくらいの集合原理を必要とするかを決定することにあるので，ここで説明した事実は逆数学の成果の一部しかカバーしていないことを注意しておきたい．

与えられたとして，それが，体系 P の無矛盾性という非形式的な概念を表現しているということは，どうやって判定するのだろうか．F は形式化されているから，極めて客観的な存在である．それは記号列に過ぎず，それに主観が入る余地は実質的にはない．しかし，「体系 P の無矛盾性」という概念には恣意性があり，これを少し奇妙な方法で F' という別の論理式で定義すると，F' は容易に P の中で証明できてしまい，さらに P の無矛盾性を仮定すると F と F' が同値となるようにできることを，G. Kreisel が指摘している．

数学者の「数学的センス」からすると，その F' は明らかに奇妙なのだが，「数学的センス」を無視して，哲学的・懐疑的な議論を続けていくと，「体系 P の無矛盾性」の形式化が F' ではいけない明瞭で誰もが納得するような理由を見出せなくなる，そんな F' が存在するのである．F' ではなく F を無矛盾性の形式化として選ぶ理由が，「数学的センス」という主観的な判断に依存しているという事実，また，先程の，ビショップの構成的数学が直観的な概念の定義，つまり，広い意味での形式化の方法を変更して成功を収めたという事実は，非形式的概念の形式化自体に「恣意性」あるいは「不確定性」があることを物語っている．

実は，こういう現象は珍しいものではなく，形式系，あるいは，微分方程式のような形式言語を使用する局面では必ずといってよいほど発生することが経験的に知られている．そのような困難にもかかわらず，そういう形式言語を道具とし

て有用なものにするのは,「センス」とか「直観」[119] と呼ばれる,形式化し難い,あるいは,形式化できないものなのである.

数学の場合,ある意味では,それこそが数学のコアなのであり,集合論,ブラウワーの直観主義,クロネッカーの代数的数学基礎論などは,その数学的直観を表現するための可能な多くの表現形式の一つに過ぎないのである.現在は,その実質標準が集合論なのであり,先に引用したブルバキの主張は,それが表現の標準に過ぎない以上,不都合が起これば,数学者は,いつでもそれを別な標準に置き換える用意を持っている,という意味なのである.

論理と数学は,人間の知的活動のうちで,最も形式化を行い易い分野であり,それゆえに,他の分野に先駆けて,形式系や,ヒルベルト計画のようなものが創られたのであるが,その数学においてさえ,形式化の恣意性や不確定性を逃れることはできない.これは,ゲーデルの定理が教える,もう一つの重要な不完全性であると言えるだろう.

しかし,この「不完全性」こそが,第 2 不完全性定理の存在にもかかわらず,ビショップの数学や逆数学のようなものを成立可能にしたことも忘れてはならない.また,工学や応用科学などの分野では,形式化の不完全性や恣意性こそが独創の源になっていることが多い.数学という比較的静

---

[119] これはブラウワーの直観主義の「直観」ではない.数学者が普通に使う意味での数学的直観である.

な領域においてさえ，非形式的概念の形式化の問題を，我々はまだ完全に理解しているとは言えない．それゆえに，未だに思いがけない可能性がそのなかにあることは否定できないのである．

第2不完全性定理にこのような形式化の恣意性が存在するのに比べ，第1不完全性定理には，そういう問題はほとんど存在しないように見える．この定理が「A も $\sim A$ も証明できないような A がある」という，極めて形式的な命題だからである．ただし，「数学は不完全である」という直観的・非形式的な命題が持つ「印象」を，この形式的な数学的定理が表しているかどうかは別の話である．

「ゲーデルの定理により数学が不完全であることが示された」という数学論を展開する人たちは，多くの場合，数学が「穴だらけ」であるかのような議論をする．ところがゲーデルの定理以後の数学の歴史が証明していることは，これとは逆の事実である．

ゲーデル以後，多くの数理論理学者が，数学的に意味がある命題で，非決定的なものを見つけようと努力した．公理的集合論では，そういう問題が数多く見つかった．例えば，選択公理の否定や，ヒルベルトの第2問題である連続体仮説の否定は，標準的な公理的集合論からは証明できないことは，ヒルベルトの「無限について」のアイデアを使って，ゲーデルが証明した．これらの命題は，公理的集合論と矛盾しないのである．これらの命題を証明できないことも，P.

Cohen により証明された．つまり，これらの命題は公理的集合論の他の公理から独立だったのである．これは一種の不完全性である．しかし，ゲーデルの定理の不完全性とは大きく趣きが異なり，これを数学の不完全性とみなすかどうかには諸説がある．むしろ非ユークリッド幾何学とユークリッド幾何学が両立するようなものとみなす人も多いのである．

　抽象代数学や位相幾何学の未解決問題が集合論の標準的公理系では決定不能だとわかった例もある．数学の具体的な問題が公理の不足により否定も肯定もできないという現象が，ゲーデルの不完全性定理の決定不能命題のような「人工的」，あるいは「論理学的・数学基礎論的」なものでなくても，本当に起こるのである．

　このことはヒルベルトも予想していた形跡がある．1929年のボローニャ講演の論文で，数学の「高度な領域」の形式系は不完全かもしれないとヒルベルトは明瞭に述べている．「しかし，(自然数の)算術はそうではない」というのが，ヒルベルトの信念だったわけである．ボローニャの第3問題としての完全性の観点からは，これらの集合論的な不完全性は無関係とは言えないまでも，圏外の問題なのである．そして，「圏内」の問題，すなわちボローニャの第3問題の意味での完全性については，事情が非常に異なるのである．

　ゲーデル以後，無矛盾性や自己否定文などに関係ない「普通の数学」の命題で，第1階算術から独立な命題を探す研究が行われ，1977年になって，J. Paris と L. Harrington が，

組み合わせ論の定理で，そのようなものを発表した．以後，組み合わせ論的な命題を中心に，そういうものが相当数見つかっている．しかし，多くの数学者は，この発見に興味を示さなかった．数学者の主流は，これを「辺境の紛争」としか考えなかったのである．実は，多くの場合，数学のある部分が不完全性定理的な現象に感染していることが判ると「それは真の数学でない」とされて，「数学の本体」から切り離されてしまう．そういう摘出手術を痛痒にも感じないほど，数学は豊かなのである．その意味では，数学という国家の中枢部は，まだ，一度も不完全性という外敵の本格的な侵略を受けたことはないのである．

不完全性定理を真剣に受け止める数学者は極めて少ない．多くの数学者は，それを単なる周辺的な定理と理解している．Paris-Harrington の定理や，不完全性定理に関連した G. Chaitin などの主張を根拠にして，これを「一般数学者の無知」として責めることは容易である．しかし，この「一般の数学者の多数派は数学の不完全性に悩まされたことがない」という歴史的事実は「一般の数学者の多数派は数学の不完全性に悩まされることはない」という普遍的な事実であるということはないのだろうか．

つまり，決定不能な命題は存在するものの，数学者の多くが興味を持つような数体系の構造については，決定不能なものは比較的稀なのかもしれないのである．もちろん，これには「数学者の多くが興味を持つ」という嗜好に関わるよう

な主観的条件が入っている．しかし，この条件を「ある種の代数的命題」という条件に変えることができれば，この主張は，案外自然なものなのかもしれない．いずれにせよ，筆者たちには，数学基礎論に残された大きな問題は，数学の不完全性を声高に叫ぶことではなく，「ゲーデルの不完全性定理にもかかわらず，なぜ現実の数学はこうも完全なのか」という逆説的な経験的事実への問いかけであるように思えてならない．

7 不完全性定理論文の仕組み

　この章ではゲーデルの定理の数学的・論理学的仕組みを解説し，また次の章では，ゲーデル論文の理解の補助となるように，論文の構造，つまり，論文の仕組みを詳しく説明する．二つは同じようなものに思えるかもしれないが，後者は，1931年の不完全性定理論文という，実際の論文の構造の解説であり，それには数学的内容もさることながら，当時の数学の状況などが影響を与えている．その一方で，前者は，そういう時代の状況を超えた，数学的・論理学的内容にだけフォーカスを当てての説明である．

7.1 ラッセル・パラドックスと不完全性定理

　まず最初に，不完全性定理の数学的・論理学的仕組みを，ラッセル・パラドックスとの類比を使いながら解説する．これによりゲーデルの定理の本質が，変装したラッセル・パラドックスであることが判るはずだ．不完全性とは，カントールの素朴集合論を直撃し矛盾という破滅を経験させた自己参照のウィルスを，形式系というワクチンによって手なずける際に，副作用として発生する微熱のようなものなのである．

　ゲーデルは彼の定理を，ラッセル・パラドックスの「言語版」として登場したリシャールのパラドックスと比較している．しかし実際には，第1不完全性定理の基本的な仕組み

に一番近いパラドックスは、ラッセル・パラドックスなのである．ラッセル・パラドックスの議論を、ほぼ忠実になぞることにより、ゲーデルが考えた体系 P に対して「命題の証明可能性と正しさが同値ならば、数学に矛盾が生じる」という事実を示せる．それこそが、ゲーデルが導入部に書いた第1不完全性定理の直観的アイデアそのものなのである．このことから出発して、ゲーデルが言うように、証明を仔細に分析して条件を弱くする努力を行えば、ゲーデルの第1不完全性定理を導くことができる．おそらく、それがゲーデルが不完全性定理に至った道だったのだろう．以下でこの道をたどってみよう．

7.2 第0不完全性定理

第1不完全性定理の基本的な仕組みがラッセル・パラドックスと同じであることを示すために、**第0不完全性定理**というものを考える．ゲーデルの不完全性定理に影響されて、ポーランドの論理学者タルスキが考えだした「真理定義不可能性定理」というものがあるが、第0不完全性定理はその定理の系である．これは専門家の間では、当たり前のこととして知られている事実である．ただし、第0不完全性定理というのは、この解説のためにつけた名前であり、定着した名称ではない．

ゲーデルが不完全性定理を発見した切っかけが、実数論の無矛盾性の証明の失敗だったことは、すでに述べた．そのよ

うな証明を行おうとすると，第 0 不完全性定理のようなものを発見する可能性が極めて高い．そのため，タルスキより先にゲーデルがこのような定理を発見していたのではないか，という説を唱える人は少なくない．ゲーデル自身が何も証言していないので真相は藪の中だが，可能性は極めて大きい．つまり，次の定理が第 1 不完全性定理の原型であった可能性が高いのである：

第 0 不完全性定理：ゲーデルが考えた形式系 P が「数学的実体を完全に記述する能力」を持つと仮定すると矛盾が導かれる．

この定理を標準的な方法で叙述するならば，背理法を使って，「P は数学的実体を完全に記述する能力を持たない」というべきである．それをわざわざ，「矛盾が導かれる」という形にしたのは，ラッセル・パラドックスと同じ形にするためである．

　この定理の前提の「形式系 P が数学的実体を完全に記述する能力を持つ」とは，次の条件(∗)が成り立つことを言う：

条件(∗)　形式系 P の対象にあたる「数学的実体」が存在するものと想定し，P はそれを形式化したものだと考える．つまり，P の式や項は内容的意味を持つとする．b を P の文論理式(自由変数を持たない論理式)とするとき，「b が P で証明可能」という条件と，「b の内容が正しい(inhaltlich richtig)」という条件が同値にな

るとする．

　この条件を一言でいうと「Pでは，証明可能性と内容的正しさが一致する」となる．これを十分数学的に表現するには，**タルスキ意味論**という理論が必要となる．しかし，それを説明する余裕はないので，ここでは例を使った直観的な説明に留める．Pの第1型は自然数の集合を表すことを目的として作られている．例えば2という数は，$ff0$というPの項で表すことができる．同じように，第2型は自然数の集合の全体を表すことを目的としており，第2型の公理で自然数の集合を定義できる．例えば，集合 $\{x_1|x_1$ は偶数$\}$ は，公理 IV の論理式 a を $(Ey_1)(x_1 = y_1 \cdot ff0)$ という論理式として，この公理により存在が保証される第2型の対象uとして形式化することができる．そうすると，例えば，「4は偶数の集合に属す」という命題は$u(ffff0)$という論理式で形式化される．[120]

　論理式$u(ffff0)$が上の条件(∗)での文論理式bにあたり，「4は偶数の集合に属す」はその「内容」にあたる．条件(∗)は，この内容が正しいことと，bがPで証明可能であることは同値だと言うのである．つまり，条件(∗)は，論理式の「内容の正しさ」が，形式系における証明可能性に置

---

[120] Pでは，このuを項として記述することができないために，定数記号の消去というテクニックが必要となる．それを使うと$u(ffff0)$は，$(Eu)[x_1\Pi(u(x_1) \equiv a)\& u(ffff0)]$となる．ただし，$u$は第2型の変数であるとする．

き換えられるということなのである．このような論理式の「内容」と，その「正しさ」を数学的に定義する方法がタルスキ意味論である．ただしここでは，それを定義せずに自然言語の持つ直観的意味を使って説明しているのである．

$(Ey_1)(x_1=y_1 \cdot ff0)$ により定義される第 2 型の対象は無限集合であり，それを「定義」しているのは「x_1 は偶数」という条件である．その条件は，$(Ey_1)(x_1=y_1 \cdot ff0)$（$x_1$ は 2 の倍数）という P の式で書くことができる有限的構造である．有限的構造は，基本的には，常に自然数でコードすることができる．現代の計算機がそうしているように，記号や文字にすべて JIS コードのような番号をつけておけば，有限的表現は数の列となる．そして，数の列はゲーデル数という工夫をすれば，一つの数で表現できたのだった．

つまり，$\{x_1|(Ey_1)(x_1=y_1 \cdot ff0)\}$ のように具体的に定義された集合は，それを定義する論理式 $(Ey_1)(x_1=y_1 \cdot ff0)$ のゲーデル数で代用できる．無限集合でありながら，それは自然数によるコーディングを持つのである．例えば，論理式 $(Ey_1)(x_1=y_1 \cdot ff0)$ のゲーデル数を n とすると，f^n0 という項を x_1 に代入して $(Ey_1)(f^n0=y_1 \cdot ff0)$ という式を考えることもできる．偶数の集合 $\{x_1|(Ey_1)(x_1=y_1 \cdot ff0)\}$ を s と書くと，この式は f^n0 が s に属すること，記号で書けば $f^n0 \in s$ を表していると考えられる．そこで，偶数の集合を定義する論理式 $(Ey_1)(x_1=y_1 \cdot ff0)$ のゲーデル数を表す項 f^n0 を，その論理式が定義する集合 s の「代用」

とみなせば，$(Ey_1)(f^n0 = y_1 \cdot ff0)$ とは，$f^n0 \in f^n0$, つまり $s \in s$ を表していることになる．自由変数を一つだけ含む $(Ey_1)(x_1 = y_1 \cdot ff0)$ のような論理式のゲーデル数を集合の「代用」と考えることにより，型理論によって追い出したはずの $x \in x$ という「表現」が復活したのである．

この「表現」は，実際には，自然数 n ごとに作られる自由変数を持たない論理式の集まりであって類記号ではないから，それだけではラッセルの集合にあたるものを考えられない．しかし，ゲーデルの論文の方法で，P の超数学を P の中で再現すると $x \in x$ を表す類記号が作れる．

n がある類記号のゲーデル数である場合，「その類記号の唯一の自由変数に f^n0 を代入した自由変数を持たない式」のゲーデル数を n から計算する関数 $d(n)$ はゲーデルが示したように原始再帰的に定義できる．ゲーデルの記号で書けば $[n;n]$ である．また，それは P の言語で表現することもできた．$d(n)$ を P の言語で表したものを変数だけ P のものに換えて $d(x_1)$ と書くことにしよう．[121] また「P で証明可能である」という述語 $\mathrm{Bew}(x)$ も P の言語で表現できた．そこで，「類記号としての $x \in x$」を，$(Ey_1)(y_1 \, B \, d(x_1))$ という論理式のことだとしよう．[122] 以下，この論理式を

---

[121] P は関数のための記号を持たないので，正確にいうと $d(x_1) = y_1$ を表す論理式 $D(x_1, y_1)$ を作って，それで d を表すことになる．

[122] 正確にいうと $(Ey_1)(Ez_1)(B(y_1, z_1) \, \& \, D(x_1, z_1))$ という論理式で表すことになる．ただし，$B(y_1, z_1)$ は，関係 $y_1 \, B \, z_1$ を表す論理式であり，D は関数 d を表す論理式である．

Bew($d(x_1)$) という記号で書く.

前提条件(∗)によれば,論理式 Bew($d(x_1)$) の内容的正しさと「ゲーデル数 $d(x_1)$ が表す論理式」の内容的正しさは同値となると考えられる.Bew($d(x_1)$) が「ゲーデル数 $d(x_1)$ が表す論理式の証明可能性」を表現しているからである.これに否定をつけた ∼Bew($d(x_1)$) は,$d(x_1)$ の否定,つまり $x_1 \notin x_1$ を表すと考えてよいだろう.したがって,この類記号 ∼Bew($d(x_1)$) がラッセルの集合 $S = \{x_1 | x_1 \notin x_1\}$ に対応すると考えられる.

条件(∗)は P での証明可能性と内容的な正しさが一致することを主張している.したがって,論理式 ∼Bew($d(x_1)$) の内容は,「ゲーデル数 $d(x_1)$ が表す論理式は成り立たない」と同値になる.これを利用するとラッセル・パラドックスの場合と同じやり方で矛盾を証明できる.

証明してみよう.まず,類記号 ∼Bew($d(x_1)$) のゲーデル数を q とする.命題 $S \in S$ を考えることは,ゲーデル数 q が表す論理式の唯一の自由変数である x_1 に $f^q 0$ を代入してできる P の論理式を考えることにあたる.∼Bew($d(f^q 0)$) は,詳しく書けば ∼(Ey_1)(y_1 B $d(f^q 0)$) である.この論理式を G と呼ぶことにする.そのゲーデル数は d の定義から $d(q)$ である.G の内容をそのまま読むと「ゲーデル数 $d(q)$ が表す論理式は P で証明できない」となるが,これは条件(∗)より,「ゲーデル数 $d(q)$ が表す論理式は内容的に正しくない」と同値である.ところが「ゲーデル数 $d(q)$ が表す論

理式」とは G のことだから,G の内容は「G は内容的に正しくない」,つまり $\sim G$ の内容と一致する.よって,G が内容的に正しいことと,G が内容的に正しくないことが,同値になってしまう.これで矛盾を導けた.

7.3 集合の代用としての数

以上の証明のポイントは「類記号のゲーデル数を集合の代用に使うこと」である.ただし,その「代用」は,条件なしで行えるのではなく,第0不完全性定理の仮定,つまり,「論理式が P で証明可能であることと,それが内容的に正しいことは同値である」という条件のゆえに可能なのである.このことに注意して欲しい.

数学の道具としての集合論の最も重要なメカニズムは,条件 $A(x)$ により $v=\{x|A(x)\}$ という集合を定義する**内包的定義**という仕組みである.集合は「対象」であるから,内包的定義により条件 $A(x)$ が対象 v に置き換えられる.つまり,「条件」や「述語」などの,本来は「何かについて語るもの」が,「何かによって語られるもの」である対象に転換されるのである.このようにして,転換されてできた v という対象は,2項述語 $x\in y$ により「解凍」してもとの条件 $A(x)$ に還元することができる.つまり,$v=\{x|A(x)\}$ により,条件 $A(x)$ を対象 v に転換した後,$x\in v$ という条件を作れば,それは $A(x)$ というもとの条件と同値になる.記号で書けば,$x \in \{x|A(x)\} \iff A(x)$ である.これは P の公

理 IV と同じだ．これが集合論の内包公理の「仕組み」なのである．

ゲーデルの論文以後，このような「転換と還元」の仕組みを持つ抽象的システムが色々と研究されている．そういうシステムでは，「転換」が抽象，「還元」が適用と呼ばれることが多い．転換と還元のメカニズムがあれば，ラッセル・パラドックスと同種の議論を再現可能で，そのためにパラドキシカルな自己参照現象が起きることが知られている．ただし，そういう系でいつも矛盾が起きるのではない．「集合論のパラドックス」のせいで，「パラドックス＝矛盾」と思っている人が多いようだが，本来の言葉の意味ではパラドックスは「本当の矛盾」を意味しないことに，注意して欲しい．

このようなパラドキシカルなシステムは，専門的には**適用系**(**applicative system**)などの名前で呼ばれるが，この解説ではラッセル・パラドックスにちなみラッセル系と呼ぶことにする．ラッセル系におけるパラドキシカルな現象を回避するには，$A(x)$ として使える条件に制限を設けたり，$x \in y$ の x や y に制限を設けたりする必要がある．例えばツェルメロの公理的集合論では $A(x)$ を特殊な形の式に制限するアプローチが取られたし，ラッセルの型理論では，$x \in y$ の y の型が x の型より一つ大きいという制限条件が採用されたのである．

ラッセル・パラドックスとは「内包公理の $A(x)$ を集合論の任意の述語とし，それを何も制限を加えずに使うと矛盾

が導ける」という定理だったのである．そのため，矛盾を回避したければ何らかの制限が必要なのである．しかし，第0不完全性定理は，そういう制限のついたゲーデルのシステムPについても，それが世界を完全に記述すると仮定するならば，類記号のゲーデル数を使って制限のないシステムを構築できて，その結果，矛盾が生じることを表しているのである．

7.4 ゲーデルの議論とラッセル系

これまでの説明により，ゲーデル数による述語（類，集合）の「数化」と，集合の内包的定義の間にはアナロジーがあり，それゆえに，ゲーデルの議論とラッセル・パラドックスの間に同型性があることを示した．ここでは，ラッセル系が，ゲーデルの論文でどのように実現されているかを説明しよう．

抽象 $\{x|A(x)\}$ は類記号 $A(x)$ のゲーデル数なので，条件なしで作成できる．問題は「$x \in y$ にあたる P の式があるか」ということになる．ゲーデルは，これを

(**G**) (i) y が類記号のゲーデル数であり，(ii) その類記号の唯一の自由変数のゲーデル数は 17 であり，かつ，(iii) その自由変数に $f^x 0$ を代入してできた式が P で証明可能である

という条件として定義したのである．つまり，本文の記号を使って書くと，

$$\text{Bew}\left[Sb\begin{pmatrix}17\\y\\Z(x)\end{pmatrix}\right]$$

である.[123] ゲーデル数 17 というのが出てきて，変に思うかもしれないが，これは，「類記号を集合とみなすときには，その自由変数はあらかじめ決められたもの(例えば，ゲーデル数 17 の変数)に一致させておく」という取り決めである．例えば，$\{x|x=9\}$ と $\{y|y=9\}$ は同じ集合 $\{9\}$ を表すから，類記号 $x=9$ と $y=9$ をこの集合 $\{9\}$ とみなしたいならば，この二つの異なった類記号を同一視する必要がある．これは面倒なので，類記号の自由変数は，適当に決めたもの，例えば x に限定しておくとするのである．ゲーデルの論文では，17 がどの変数のゲーデル数なのか指定されていないが，固定されていることが大切で，どの変数かはどうでもよいので適当に決まっているものとしておけばよい．

$\text{Bew}(x)$ のような条件を表す式が P で記述可能であることは，1930 年当時には自明ではなかった．だから，ゲーデルは，こういう超論理的記述に必要な，p.31 の x/y から p.39 の $x\,B\,y$ までの 45 個の関数や述語が，現代的に言えば原始再帰的に，ゲーデルの論文の用語で言えば再帰的に，定義できることを実際に丁寧に実行してみせたのである．こ

---

[123] これを導入部の記号 $[\alpha;n]$ を使って書くと，$\text{Bew}([y;x])$ と書ける．

しかし，ゲーデルが，$[y;x]$ を論理式と言っているところは，正確には「$[y;x]$ のゲーデル数」と読み替えなくてはいけない．

の部分は極めて技巧的だが、この部分こそが「ヒルベルトの意味での形式系は有限的であるがゆえに、その体系の記述がその体系自身の中で可能となる。そのため、それが健全かつ完全ならばラッセル系となる」という事実を示している。その意味でこの一見退屈な技巧の塊に見える部分こそが数学的不完全性定理の最重要ポイントだとも言える。

ちなみに、1-45 の(原始)再帰的定義は、あくまで超数学のレベルの定義であり、P の論理式ではないことに注意して欲しい。これらの定義を形式化する方法は、定義 46 の後の定理 V の証明の中で与えられている。しかも、ゲーデルは「簡単にできる」と言っているだけで、具体的な記述方法は書いていない。(原始)再帰的に関数を定義するという考え方は、デーデキントなどにより 1880 年代から定式化されていたし、それを P のような集合論的システムで形式化する方法もよく知られていたので、ゲーデルは、定義 1 から 45 により、超数学の概念が原始再帰的であることだけを示せば十分だと考えたのだろう。また、第 3 節で、不完全性定理を洗練化するために、これらの定義を自然数の限量子しか持たない論理式で書く方法を与えたので、重複を避けるためにも簡単にすませたのかもしれない。

いずれにせよ、定義 1-46 のような超数学概念の詳細な定義を与えることさえできれば、「$x \in y$ を表現する P の論理式」を作れることは明らかだった。しかし、それは「論理式の内容」を考えればのことであった。それが本当にラッセル

系の性質を持つことを示すには，第 0 不完全性定理の前提である「文論理式 B の正しさと，その形式化の証明可能性の同値性」が必要であることに注意して欲しい．[124] ラッセル系とは言うが，前提条件付きでラッセル系であるにすぎない．そのため，矛盾が証明できてもパラドックスにはならず，背理法によって前提条件の否定である「不完全性」を結論できるのである．

7.5 第 0 不完全性定理から第 1 不完全性定理へ

第 0 不完全性定理の証明には，P の論理式の「内容」という曖昧な概念が使われており，これを精密にするには，先に触れたタルスキ意味論という理論を使う必要がある．また，その理論を展開するには，集合論的議論が必要となるので，この定理は，例えば，有限の立場からは認めることができない．おそらく，そのことが原因で，ゲーデルは，彼の証明を有限的なものにする努力をしたのだろう．その結果として，第 2 不完全性定理も発見されたものと思われる．そこで，以下では，ゲーデルの辿ったであろう道を想像しつつ，第 0 不完全性定理をゲーデルの第 1 不完全性定理に「洗練」してみることにする．

第 0 不完全性定理の前提は，論理式の「内容的正しさ」と「P での証明可能性」が同値であることだった．この同値関

---

[124]実は必要十分条件になっている．

係の一方である「P で証明可能ならば,内容的に正しい」という条件は,**健全性 (soundness)** と呼ばれる.また,健全性の逆は完全性と呼ばれることが多い.しかし,これはゲーデルの定理の意味での完全性である「形式的完全性」とは異なるので,この解説では**意味論的完全性**と呼ぶことにする.[125] 健全なシステムでは,この二つの完全性が同値になることは容易に判る.したがって,第0不完全性定理とは,「P は健全ならば,形式的に不完全である」という定理だと解釈できる.

P が形式的に不完全とは,ある文論理式 A があり,A も,その否定 $\sim A$ も P で証明できないことだが,第0不完全性定理の証明では,G という論理式を定義して,その意味内容を検討することにより,「$G \Longleftrightarrow \sim G$」が正しいことを示して矛盾を導いた.これが矛盾であるのは,G が正しいとしても,$\sim G$ が正しいとしても,「G かつ $\sim G$」という矛盾が発生するからである.しかし,G でも,$\sim G$ でも,どちらの正しさを仮定しても矛盾するので,「証明可能性」と「正しさ」が同値であることを主張する第0不完全性定理の条件下では,これは G が P で決定不能,つまり,「G も $\sim G$ も P では証明できない」が示されていることに他ならない.この事実の証明の道筋をもっと詳しく分析してみよう.

---

[125] 形式的完全性は一般的な用語だが,意味論的完全性はこの解説用の用語である.

例えば「Gが証明できない」ということは，次のように示されている．まず，Gが証明可能と仮定してみる．健全性によりGは正しい．しかし，Gは，$\sim \mathrm{Bew}(d(f^q 0))$という論理式であり，$d(f^q 0)$（の内容）が$G$のゲーデル数であることから，「$G$は証明可能でない」という，仮定の否定が導かれる．よって，矛盾．これで「Gが証明できない」という事実が示された．

この証明では，Pの健全性により，Gが証明可能という前提からGとその否定の両方が「正しい」ことが示されている．そして，それが矛盾であることを利用して背理法を使っている．その際に使われた健全性は「Pの内部の正しさ」（Pでの証明可能性）から，「Pの外部での正しさ」（内容的な正しさ）が導かれるという条件である．このPの内と外の行き来は「強い」仮定であり，これが「洗練」によって消したいことである．

そこで「健全性を使ってPの外にでる」ことをやめて，Pの内部に留まることを考えてみよう．つまり，この議論の「Gとその否定の内容的正しさ」を「Gとその否定の証明可能性」に置き換えられないかと考えてみるのである．これができれば，PでGと$\sim G$が同時に証明可能となるので，Pの無矛盾性さえ仮定すれば(内容的な)矛盾を導くことができて，上の議論と同じように背理法を使うことができる．

兎に角やってみよう．「Gが証明可能」というのが前提だ

から，この前提から「$\sim G$ が証明可能である」ことを示せばよい．G が証明可能なとき，その証明のゲーデル数を p とすると，$f^p 0\, B\, d(f^q 0)$ が内容的に正しい．このとき条件 (∗) を使えば，意味論的完全性からこれが P で証明できて，さらには $(Ey_1) y_1\, B\, d(f^q 0)$ が証明できる．それに否定を 2 回つけた $\sim\sim (Ey_1) y_1\, B\, d(f^q 0)$ も証明できるが，これは G の定義を思い出すと $\sim G$ になっている．以上によって健全性なしで P で G と $\sim G$ を証明できたことになるのだが，この証明では $f^p 0\, B\, d(f^q 0)$ に意味論的完全性を使ってしまっている．今の目的は条件 (∗) の使用を消去することなので，これではいけない．

しかし，$x\, B\, y$ は再帰的関数で真偽が決定できる述語である．そのような「有限的」命題が，P のような十分な記述力を持つはずの体系で証明できないことはないはずだ．つまり，意味論的完全性は，こういう「有限的」な命題については，仮定しなくても自ずと成り立つべきである．[126] これは，その否定についても同じであるはずだ．実際，それは成り立つのであって，それが定理 V だったのである．以上のことから条件 (∗) を使わずに，「G が証明可能」という前提だけ

---

[126] もし成り立たないならば，その事実自体が一種の不完全性であることに注意して欲しい．このことを上手に使うと「意味論的完全性」のような仮定のない「第 0 不完全性定理」を定式化することもできる．ただし，そのときの第 0 不完全性定理の結論は，P が「証明的に不完全」か，「表現的に不完全」かのどちらかであるという弱い条件となる．

から「~G も証明可能」が導けた．よって，P が無矛盾なら G は証明できない．

この証明のポイントは「再帰的述語 $R(x)$ に対しては，$(Ex)R(x)$ が内容的に正しければ $(Ex)R(x)$ は P で証明可能である」という，P の部分的な意味論的完全性（定理 V）が証明できてしまうという事実にある．この事実のゆえに，形式系の意味論的完全性に関する仮定がなくても，P 内部で矛盾を発生させることが可能となったのである．

~G の証明不可能性も，同じようにやってみよう．今証明した G の証明不可能性から，(y_1)~$(y_1\,B\,d(f^q 0))$ が内容的に正しい．これは (y_1)(再帰述語) という形である．先程と同じようにこれに意味論的完全性が適用できるならば，G が P の中で証明できることになる．内容的に考えれば，(y_1)~$(y_1\,B\,d(f^q 0))$ と G は同値だからである．よって，G が証明できたのだから，P が無矛盾ならば ~G は証明できない．

しかし残念なことに，前の場合とは違い，$(y)R(y)$ という形の式に対する意味論的完全性は成り立たない．P が無矛盾という仮定の下で，G がその例になっているのである．そこでゲーデルは次のように考えたと思われる．

上で行った議論は「(y_1)~$(y_1\,B\,d(f^q 0))$ が内容的に正しいので，~G は証明できない」というものだった．このことを意味論的完全性を使って証明したのである．論理式 ~$(y_1\,B\,d(f^q 0))$ を $R(y_1)$ と書くと，この議論は「$(y_1)R(y_1)$

が内容的に正しいならば，$\sim(y_1)R(y_1)$ は証明できない」と同じであることがわかる．$(y_1)R(y_1)$ と $\sim G$ が同値であることが P の中で簡単に示されてしまうからである．

「$R(y_1)$ が内容的に正しい」は R が再帰的であることから定理 V により，「$R(f^{y_1}0)$ の形式化が証明できる」と同値となる．よって，上述の議論は，「全ての自然数 y に対して $R(f^y 0)$ が証明可能ならば，$\sim(y_1)R(y_1)$ は証明できない」と言い換えることができる．

この条件の R を「再帰的な論理式」だけでなく「全ての論理式」に置き換えて「強化」した条件が ω-無矛盾性になっているのである．つまり，ω-無矛盾性は $\sim G$ の証明不可能性を示すために必要な条件を，より強い形にしたものなのである．しかも内容的意味を考えれば，ω-無矛盾性は成り立って欲しい条件である．ゲーデルは，おそらくこのように推論して，証明に必要な性質よりも強い条件 ω-無矛盾性に到達し，それを仮定してしまったのだろう．

ω-無矛盾という条件は，ゲーデルの論文以後，ほとんど使われることはなかった．これは過剰に強い前提であり，また，便宜的と言われても仕方がないものだったのである．それにもかかわらず，この点はほとんど問題にされることがなかった．その主な理由は，P の無矛盾性を疑う人がほとんどいなかったからだろう．実は，

(＊＊)　P が無矛盾ならば G が正しい

という事実が成り立つのである．P が無矛盾ならば，G が

証明可能でないことは示せた．このことと，「G が証明可能でない」とは G の内容そのものであることを思い出せば，（＊＊）は当たり前のことである．したがって，G の証明不可能性は「正しいが証明できない命題の存在」という重要な新知見を示すが，$\sim G$ の証明不可能性は本来証明できては困る偽な命題の証明不可能性を言っているに過ぎないのである．

　実際には，多くの数学者は，P の無矛盾性だけでなく，健全性も信じていたのだろうから，$\sim G$ の証明不可能性は当たり前と言っても良かったのである．ゲーデルのような大数学者が，ω-無矛盾性という中途半端な条件をつけたまま不完全性定理を発表した主な理由は，これだったのではないかと思う．

　1936 年には，アメリカの数学者 J.B. Rosser が，無矛盾性だけを仮定して決定不能性が証明できる，G の類似物を発見した．そのためもあって，現在では無矛盾性だけを仮定した不完全性定理が，ゲーデルの定理であるかのように引用されている．しかし，Rosser の式は，ゲーデルの G とはかなり異なるものなのであり，むしろ，ω-無矛盾性という付加的条件がついていても，ゲーデルのオリジナルの形の方が，Rosser の定理より不完全性定理の本質を表していると言える．

8 論文の構造

以上の説明で，ゲーデルの第1不完全性定理の「論理的構造」の説明を終わりにして，次に論文の構造を分析してみよう．論文は四つの節からなる．簡単に言うと，第1節：導入，第2節：第1不完全性定理，第3節：第1不完全性定理の洗練と応用，第4節：第2不完全性定理，となる．これを順番に検討しよう．

8.1 第1節の構造

第1節は歴史的背景の簡単ながら的確な説明と，第1不完全性定理の直観的な解説であり，最後に第2不完全性を匂わせて終わる．本書の解説の第2-5章と第7章は，このゲーデルの第1節の長い解説なので，これ以上の説明は避けるが，一つだけ，次の点を注意しておこう．現代では，ゲーデルの定理は，第1階算術と，その拡張の不完全性を示す定理として定式化されることが多い．しかし，ゲーデルは，第1階自然数論のような弱いシステムについて定理が成り立つかどうかを，あまり気にしておらず，論文のタイトルが示すように，「プリンキピア」や公理的集合論の形式系のような強いシステムを考察の中心に据えている．第1節で，第1階自然数論にあたるシステムにゲーデルが言及しているのは，原注3)の「ヒルベルト学派が最近提出したシステ

ム」の部分だけであり,本文では,そういう弱いシステム
は,全く言及されない.この「弱いシステムの無視」は,第
2節,第3節で,さらに明らかになる.

8.2 第2節の構造

　第2節では第1不完全性定理が証明される.ゲーデルは,
不完全性定理を証明する形式系 P を,「プリンキピア」の形
式系として導入しているが,この P の定義自体がゲーデル
のオリジナルである.これは単純型理論になっており,その
導入の仕方も含めて,手並みは鮮やかであり,当時の他の論
文に比較すると極めて現代的である.というより,この論文
が,それ以後の数理論理学の論文の手本となったと言うべき
だろう.

　P の定義(p.21-p.26)が終わると,次にゲーデルは,自然
数によって P の変数,論理式,証明などをコード化できる
ことを議論し始める.これが有名なゲーデル数の考え方で
ある(p.26-p.27).ゲーデルは,素因数分解定理を利用して
ゲーデル数を定義しているが,第2節の結果のためだけな
らば,こんな面倒なことを行う必要はない.P では,自然
数の有限列を第2型以上の対象,例えば関数や集合として
定義することが可能だからである.しかし,これを第1型
の範囲に留めれば,定理の応用範囲は拡大する.実際,それ
が第3節で実行されるのである.また,素因数分解によっ
て有限的な集合をコーディングする方法が,ゲーデルが原注

3)で引用した1925年のフォン・ノイマンの公理的集合論の論文で使われている．これらの事実からしてケーニヒスベルクでフォン・ノイマンに会うまで，ゲーデルが素因数分解の方法を使っていなかった可能性も否定はできないのである．

ゲーデル数の導入が終わると，話がいったん，形式系Pを離れる．そして，現代の用語でいう**原始再帰的関数（原始帰納的関数）**が定義され，これによりヒルベルトの超数学の操作や概念が，項や論理式のゲーデル数を操作する原始再帰的関数で記述できることが示される（p.27-p.39）．ゲーデルの論文の影響を受けて，再帰的関数の理論が成立するのは，ゲーデル論文の数年後のことなので，現在とは用語が違う．この時点でゲーデルが再帰的関数と呼んでいるものは，現在の用語でいう原始再帰的関数である．

（原始）再帰的関数の概念を定義したゲーデルは，それにより超数学の概念を「コード化」していく．それがp.31-p.39の定義1-45である．これは非常に緻密な注意力を必要とする作業で，現代のコンピュータ・プログラミングの作業にあたるものである．

この「コード化」の作業が終わると，ゲーデルはPの議論に戻り，定理Vを証明する．この定理を現代的専門用語で表現するならば「（原始）再帰的関係が**数値別表現可能性（numeralwise representable）**を持つ」となる．次に，ゲーデルは，形式系Pの証明概念の，この数値別表現可能な形式化を利用して，決定不能な論理式を構築し，不完全性

定理を証明するのである(p.41-p.45)．ちなみに，ω-無矛盾性は，その中途半端な性格を表すように，定理の直前で定義される．

この部分は解説(第7章)で詳しく論じたのでここでは説明しないが，「定理Vは体系 P における原始再帰的定義を使って証明できる」と注意されていることに，注目しよう．解説でも注意したとおり，原始再帰的関数の理論を最初に考えたのはデーデキントだと思われる．デーデキントの理論は集合論を使っていたが，容易に P の中で再現できた．また，その結果できる論理式が数値別表現可能性を持っていることを示すのも，ゲーデルが書いているとおりで難しくない．

しかし，集合論を用いる原始再帰関数の定義は，ヒルベルトたちが無矛盾性を証明したと主張していた第1階算術では再現できない．そのためその形式系にゲーデルの証明を適用するには，その形式系が(原始)再帰的関数とその公理を持つという前提が必要だった．ゲーデルは，彼の証明が適用可能な他のシステムを，第3節の最後に列挙しているが，その最後にある「数論の公理系」というのがそれである．

この(原始)再帰的関数とその公理を備えた数論の公理系が，ゲーデルが考察したシステムの中で一番弱いものである．現代では，和と積だけを持つ第1階の算術に対して不完全性定理を示すことが多いが，そういう形式系をゲーデルが考えていなかった，ということに注意しよう．実際，ゲーデルの証明方法では，そういう現代的な形式系に対しては定

理Vが証明できず，第1不完全性定理も証明できないのである．しかし，これは軽微な問題であり極く簡単な変更で解決できる．このことからも，ゲーデルの視野には弱いシステムがほとんど入っていなかったことがわかる．

第1不完全性定理(定理VI)の後，ゲーデルは他にも色々な議論を行っている(p.46-p.49)．議論の一つは，解説で説明した「ω-無矛盾性を使わず，無矛盾性だけから導かれるGの証明不可能性だけでも，定理には十分意味がある」という事実の説明である．また，不完全性定理を使えば，無矛盾ではあるが，ω-無矛盾ではない形式系を作れることも議論している．

ゲーデルが最もスペースを割いているのが，P以外の形式系への定理の拡張である．この部分は，1930年代半ばに確立されることになる計算可能性の概念の欠如のため，ゲーデルの議論は歯切れが悪い．それでも，数値別表現可能性を利用して，何とか条件を一般的なものにしようと努力している．結果として，ゲーデルの「決定的述語」の概念は，ゲーデル以後に定義された現代的な計算可能述語(再帰的述語)と同値なものになっている．

しかし，ゲーデル自身はこの部分を不満としていた．英訳の際に論文の最後に追加された，チューリングの計算概念による形式系の定義に関するメモが，それを端的に表している．ゲーデルはチューリング機械という仮想機械によって計算可能性が特徴づけられるまで，形式系の一般概念が確

立されたとは考えなかったのである．ゲーデルは，論文の冒頭で形式系を「機械的」(mechanisch)という言葉で説明している．この当時，ヒルベルト学派のメンバーも「機械的」という言葉を，しばしば口にしていた．このころ，すでに形式系やそれに関連する計算が，人間の「精神」が無くても動く知的「装置」や，その「実行」として捉えられ始めていたことが窺える．この関係が鮮明になるのが，ゲーデルが英訳への補足で引用したチューリングの仕事であり，また，それを本当の機械として実現したものが，フォン・ノイマンがアーキテクチャにその名を残した，デジタル・コンピュータである．[127]

8.3 第3節の構造

次の第3節では，第1不完全性定理の洗練と応用が行われる．洗練とは，第2節の方法では第2型以上の限量子が大量に入ってしまう決定不能論理式 G を，「自然数の加法と乗法の演算子，自然数の等号，自然数上の限量子を含む論理記号」のみで再構築することだった．ゲーデルは，そのような論理式を算術的と呼んだ．

実は1930年に，演算を足し算のみに制限した算術的論理

---

[127]これはチューリング機械を実現するためにコンピュータが作られたという意味ではないので注意して欲しい．電子計算機開発の動機はフォン・ノイマンの場合でさえ全く異なっていた．数値計算だったのである．

式の真偽値を決定するアルゴリズムが発見されているので，これを使えば，そういう式は必ず形式的に決定可能だから，この定理は非決定的な論理式に関する最善の結果とも言える．

現在の不完全性定理の講義や教科書で考察される形式系は，関数としては加法と乗法(とゲーデルの論文の f)しか持たないことが多い．現在，第1階算術あるいはペアノ算術と呼ばれる形式系は大抵これなのである．

それがあまり常識化してしまったので，ゲーデルもそれを考えたと思い勝ちだが，ゲーデルが前節の最後で「ペアノの公理系」を引用したときには，すべての原始再帰的関数が公理系のなかに最初から用意されているようなシステムを，考えていたのである．

今からみると，これも現在のペアノ算術も大差ないように思える．しかし定理 VII のゲーデルの証明は，そのままでは加法と乗法しか持たないペアノ算術に対しては実行できず，すべての原始再帰的関数とその公理が必要となる．ゲーデルの証明を少しだけ修正すれば，この問題を取り除けるのだが，ゲーデルはこの欠点については無頓着であったことはすでに述べた．後に彼の定理をプリンストン大学で連続講義した際にも，この点には注意を払わず1931年の論文と同じような議論をしている．

ゲーデルは，1931年の論文の直後に，定理 VII をさらに次のように洗練している：自然数係数の**多項式**の前に，自然

数に関する限量子を何個か並べた形の式で決定不能なものがある．ゲーデルはこの結果を，「フェルマーの大定理などと同種の問題の中に決定不能なものがあることを示す」と強調しており，1934 年のプリンストンでの講義の際には，定理 VII を，そういう事実を証明するための補助定理として説明している．

この事実は後に多くの研究者の努力により拡張され，最終的には多項式の前に存在限量子だけを複数つけた形の論理式で決定不能なものがあることが示されている．実は，この結果は，ゲーデルの結果の拡張としてでなく，4.10 で触れたヒルベルトの第 10 番目の問題を否定的に解決するために考えられたものであった．その出発点は，ゲーデルの定理 VII だったのである．

ではゲーデルは何故，定理 VII や，その洗練を考えたのだろうか．ゲーデルの議論によって作られる決定不能論理式は，非常に複雑な形をしている．また，その内容は，通常の数学の立場からは，奇妙とさえ言えるものである．それゆえに，決定不能な論理式は存在するかもしれないが，それは，その式が極めて複雑かつ特殊であるためであり，現実の数学の命題には，非決定的なものは存在しない可能性が考えられたのである．

第 3 節の定理 VII や，1931 年の論文後の洗練化は，普通の数論の定理と同じ形の定理にも，決定不能なものがあることを示すことにより，不完全性という現象が数学的に見て奇

異なものでないことを示す努力であったと，理解するのが自然だろう．

こういう目的意識からすると，不完全性を示す形式系は，なるべく強力なもので，それが決定不能であることを示すべき論理式は，なるべく単純で自然なものであることが望ましい．そういう観点からは，加算と乗算しか持たないペアノ算術は，あまりに小さくひ弱でありすぎる．形式系は強力な「プリンキピア」や公理的集合論である方が自然なのである．一方で，非決定的と示される命題は，できるだけ単純で普通の数学でも研究対象になるようなものであることが望ましかったのである．しかしながら，ゲーデル以後研究が進めば進むほど，非決定的命題が「通常の数学」の未解決問題の中には見出されないという経験的事実が明らかになっていったことも確かである．

第3節のもう一つの結果は定理VIIIの応用である．ゲーデルは，ヒルベルトのボローニャ講演の第4問題を肯定的に解決していた．つまり，ヒルベルトが狭義関数計算と呼んだ，現在の第1階述語論理の体系は，「$A \supset A$のように，述語や命題を，どんな風に解釈しても，常に正しい論理式はすべて証明できる」という意味で完全であるという定理，いわゆるゲーデルの**完全性**定理である．この完全性は，不完全性定理で考察される完全性とは一致はしないが，関連はある．そのために，この両者の関係で混乱する人も少なくない．ゲーデルは第3節の残りで，定理VIIIの結果を利用す

ることにより,「F が,すべての解釈で正しい」という命題と算術的決定不能論理式が同値となるような,第 1 階述語論理の式 F を作れることを示した.これは,たとえ彼の完全性定理が,「すべての解釈で正しい」という無限的条件の下で,有限的な証明が存在することを保証できたとしても,P のような形式系でさえ,その無限的条件を証明できない場合があることを示している.

8.4 第 4 節の構造

　第 4 節に,導入部で匂わせた第 2 不完全性定理の説明と,その証明の粗筋が書かれている.この結果の証明を続編として後日出版すると書いてあるが,実際には出版されていない.その定理を実際に証明して見せたのはベルナイスであった.彼はヒルベルトとの共著書「数学の基礎」で,その証明を実行してみせたのである.しかし,この定理の証明は,実質的には,第 2 節目までで完成しているとも言える.証明の方法は,第 2 節目までの証明が P の中で形式化できることを示すだけだったので,その実行の方針は明らかだったからである.ヒルベルトの「数学存在三段階論」(4.11) の言葉で言えば第 2 段階まではゲーデルの論文でほぼ明らかであり,ベルナイスが行ったことはそれを明瞭にすることだけだったのである.とはいえ,第 3 段階を実際に実行するとなると話は変わってくる.第 3 段階は実際に証明図を作ることになるが,これは量的に極めて大変な作業で現在でも完全

に実行されたことはない．しかし，それに近いことはコンピュータの助けを借りて，幾つかのチームが成し遂げているので，近い将来コンピュータを使って現実に実行することも可能となるだろう．

　この節の最後には，「第2不完全性定理の結果が，ヒルベルト計画の不可能性を示すものではない」というコメントがあるが，ゲーデルがこのコメントを書いた理由は，6.1 で詳しく書いたので，ここでは触れない．

9 あとがき

　本書の解説が，ゲーデルの論文そのものよりもヒルベルト計画に重点を置いている理由は，主に 1990 年代からの数学史研究の成果により従来のヒルベルト観・ヒルベルト計画観に大きな修正が必要となったからである．残念ながら，そのような研究成果は日本ではほとんど紹介されていない．そのためもしゲーデルの論文を中心にして解説をすると，ゲーデルの論文の意味を量る基準となる「数学の厳密化の歴史」は，従来の「常識」に頼らざるを得ないこととなり，ゲーデルの論文の真の意味を説明できないのである．ゲーデル自身の数学観・ヒルベルト観が「常識」とは異なり，最近の研究で明らかになってきたものと非常に整合的なものだったことは，驚嘆に値する．おそらくゲーデルはヒルベルトの真の意図を，その誤りの在処も含めて深く直観的に理解していたのだろう．ゲーデルは生前，「誤解される」と言って口をつぐみ勝ちであったというが，あるいはそれが理由の一つだったのかもしれない．このような形の解説はゲーデルが存命なら，その意にもかなうものだったろうと信じる．

　しかし，筆者たち以外の研究者による最新の研究については，紙数の関係で，表面的に紹介するだけにとどまり，その内容を十分に説明できなかった．そこで，筆者たちが典拠とした歴史研究文献を，新しいものを中心として学生・研究者

諸氏のために紹介しておく.下の文献リストの[1]-[18]である.

本書では,Zilsel 講義録など,生前未発表文献も使って,ゲーデルのヒルベルト計画への態度の変遷を解説したが,同様なものに数理論理学者 Martin Davis 氏による 2005 年の論文[18]がある.執筆時には,その存在に気づかなかったため第 12 刷で追加した.

文献

[1] Leo Corry, Hilbert and the Axiomatization of Physics(1898-1918): From "Grundlagen der Geometrie" to "Grundlagen der Physik", Kluwer, 2004.

[2] Dirk van Dalen, Mystic, Geometer, and Intuitionist: The Life of L.E.J. Brouwer, Volume I, II, Oxford University Press, 1999, 2005.

[3] Dirk van Dalen, The War of the Frogs and the Mice, or the Crisis of the Mathematische Annalen, Mathematical Intelligencer, Vol. 12, pp.17-31, 1990.

[4] John W. Dawson, Jr., Logical Dilemmas—The life and work of Kurt Gödel—, A. K. Peters, 1997.

[5] Kurt Gödel, Collected Works : Vol. I-V, S. Feferman et al. eds., Oxford University Press, 1986-2003.

[6] Ivar Grattan-Guinness, The Search for Mathematical Roots 1870-1940, Princeton University Press, 2000.

[7] Detlef Laugwitz, Bernhard Riemann 1826-1866, Wendepunkte in der Auffassung der Mathematik, Birkhauser, 1996.(英訳, 和訳あり)

[8] Paolo Mancosu (ed.), From Brouwer to Hilbert —The debate on the foundations of mathematics in the 1920s—, Oxford University Press, 1998.

[9] Paolo Mancosu, Between Russell and Hilbert: Behmann on the foundations of mathematics, The Bulletin of Symbolic Logic 5, pp.303-330, 1999.

[10] Paolo Mancosu, Hilbert and Bernays on Metamathematics, pp.149-188, in [8].

[11] Paolo Mancosu, Between Vienna and Berlin: the immediate reception of Gödel's incompleteness theorems, History and Philosophy of Logic 20, pp.33-45, 1999.

[12] Volker Peckhaus and Reinhard Kahle, "Hilbert's Paradox", Historia Mathematica 29, pp.157-175, 2002.

[13] Wilfried Sieg, Hilbert's Programs: 1917-22; The Bulletin of Symbolic Logic 5, pp.1-44, 1999.

[14] Walter P. Van Stigt, Brouwer's Intuitionism, North-Holland, 1990.

[15] Rudiger Thiele, Hilbert's twenty-fourth problem, American Mathematical Monthly, Vol. 110, No.1, pp.1-24, 2003.

[16] Richard Zach, Completeness before Post: Bernays, Hilbert, and the development of propositional logic, The Bulletin of Symbolic Logic 5, pp.331-366, 1999.

[17] Richard Zach, Hilbert's Finitism, Historical, Philosophical, and Metamathematical Perspectives, Dissertation, University of California, Berkeley, Spring 2001.

[18] Marin Davis, What did Gödel believe and when did he believe it?, The Bulletin of Symbolic Logic 11, pp. 194-206, 2005. "Kurt Gödel: Essays for his Centennial" S. Feferman, et al. eds., 2010 にリプリント.

補遺(第 12 刷に際して追加)

解説 4.10 で提起した,ヒルベルトにおける哲学と数学の関係について補う.若きヒルベルトの哲学関与は,我々を驚かせるが,彼の青春時代には特別珍しいことではなかった.その頃のドイツ科学界を代表する人物と言えば,1894 年の死に際して「ドイツ物理学の帝国宰相」とさえ賞されたヘルマン・フォン・ヘルムホルツ(Hermann von Helmholtz)であろう.

生理学者だった彼は,カントが哲学的に考察した感覚認識の問題を,物理学や数学で解明しようとした.その結果,彼自身が哲学者の様になり,いくつかの哲学論文を書いている.この例が示す様に,19 世紀後半のドイツ科学界は非常に哲学的だったのである.この頃のドイツでは,実験心理学

や，ヘルムホルツやデュ・ボア・レイモンが活躍した生理学などが新興花形分野だったが，哲学に似た問題を研究するため，これらで哲学を置き換えられるとさえ言われた．しかし，この事態が逆に自然科学者の哲学化を招いたのである．

物理学の帝国宰相ヘルムホルツが哲学にコミットしていた時代に，青年数学者ヒルベルトが哲学することは自然だったろう．そう考えれば，ヒルベルトが，畑違いの生理学者デュ・ボア・レイモンのイグノラビムスを執拗に罵倒し続けたことも，この時代に青春を送った人物の行動として理解できる．

忘れられていた，この哲学と自然科学の関係が広く理解され始めたのは，この十数年のことであり，その観点に立った生命科学史などが書かれるようになってきている．今後，この様な立場に立って 4.10 で提起した問題が解明されていくだろう．

ゲーデル 不完全性定理
<ruby>不完全性定理<rt>ふかんぜんせいていり</rt></ruby>

2006 年 9 月 15 日　第 1 刷発行
2017 年 10 月 5 日　第 13 刷発行

訳　者　<ruby>林<rt>はやし</rt></ruby> <ruby>晋<rt>すすむ</rt></ruby>　<ruby>八杉満利子<rt>やすぎまりこ</rt></ruby>

発行者　岡本　厚

発行所　株式会社　岩波書店
　　　　〒101-8002 東京都千代田区一ツ橋 2-5-5

　　　　案内 03-5210-4000　営業部 03-5210-4111
　　　　文庫編集部 03-5210-4051
　　　　http://www.iwanami.co.jp/

印刷 製本・法令印刷　カバー・精興社

ISBN 4-00-339441-0　　Printed in Japan

読書子に寄す
―― 岩波文庫発刊に際して ――

　真理は万人によって求められることを自ら欲し、芸術は万人によって愛されることを自ら望む。かつては民を愚昧ならしめるために学芸が最も狭き堂宇に閉鎖されたことがあった。今や知識と美とを特権階級の独占より奪い返すことはつねに進取的なる民衆の切実なる要求である。岩波文庫はこの要求に応じそれに励まされて生まれた。それは生命ある不朽の書を少数者の書斎と研究室とより解放して街頭にくまなく立たしめ民衆に伍せしめるであろう。近時大量生産予約出版の流行を見る。その広告宣伝の狂態はしばらくおくも、後代にのこすと誇称する全集がその編集に万全の用意をなしたるか。千古の典籍の翻訳企図に敬虔の態度を欠かざりしか。さらに分売を許さず読者を繋縛して数十冊を強うるがごとき、はたしてその揚言する学芸解放のゆえんなりや。吾人は天下の名士の声にしてこれを推挙するに躊躇するものである。この際断然実行することにした。吾人は範をかのレクラム文庫にとり、古今東西にわたって文芸・哲学・社会科学・自然科学等種類のいかんを問わず、いやしくも万人の必読すべき真に古典的価値ある書をきわめて簡易なる形式において逐次刊行し、あらゆる人間に須要なる生活向上の資料、生活批判の原理を提供せんと欲する。この文庫は予約出版の方法を排したるがゆえに、読者は自己の欲する時に自己の欲する書物を各個に自由に選択することができる。携帯に便にして価格の低きを最主とするがゆえに、外観を顧みざるも内容に至っては厳選最も力を尽くし従来の岩波出版物の特色をますます発揮せしめようとする。この計画たるや世間の一時の投機的なるものと異なり、永遠の事業として吾人は微力を傾倒し、あらゆる犠牲を忍んで今後永久に継続発展せしめ、もって文庫の使命を遺憾なく果たさしめることを期する。芸術を愛し知識を求むる士の自ら進んでこの挙に参加し、希望と忠言とを寄せられることは吾人の熱望するところである。その性質上経済的には最も困難多きこの事業にあえて当たらんとする吾人の志を諒として、その達成のため世の読書子とのうるわしき共同を期待する。

　　昭和二年七月

　　　　　　　　　　　　　　　　　　　岩波茂雄

物質と記憶	ベルクソン／熊野純彦訳
時間と自由	ベルクソン／中村文郎訳
ラッセル幸福論	安藤貞雄訳
存在と時間 全四冊	ハイデガー／熊野純彦訳
学校と社会	デューイ／宮原誠一訳
民主主義と教育 全二冊	デューイ／松野安男訳
我と汝・対話	ブーバー／植田重雄訳
歴史と自然科学・他／徳の原理に就て・聖道（プレルディヒテン）より	ヴィンデルバント／篠田英雄訳
四季をめぐる51のプロポ	アラン／神谷幹夫編訳
定義集 アラン	神谷幹夫訳
幸福論 アラン	神谷幹夫訳
文法の原理	イェスペルセン／安藤貞雄訳
日本の弓術	オイゲン・ヘリゲル述／柴田治三郎訳
ギリシア哲学者列伝 全三冊	ディオゲネス・ラエルティオス／加来彰俊訳
人間の頭脳活動の本質 他一篇	ディーツゲン／小松摂郎訳
ソクラテス以前以後	F・M・コーンフォード／山田道夫訳
連続性の哲学	パース／伊藤邦武編訳

論理哲学論考	ウィトゲンシュタイン／野矢茂樹訳
自由と社会的抑圧	シモーヌ・ヴェイユ／冨原眞弓訳
根をもつこと 全二冊	シモーヌ・ヴェイユ／冨原眞弓訳
重力と恩寵	シモーヌ・ヴェイユ／冨原眞弓訳
全体性と無限 全二冊	レヴィナス／熊野純彦訳
啓蒙の弁証法 ―哲学的断想	ホルクハイマー／アドルノ／徳永恂訳
共同存在の現象学	レーヴィット／熊野純彦訳
ヘーゲルからニーチェへ 全二冊	レーヴィット／三島憲一訳
種の論理 田辺元哲学選Ⅰ	藤田正勝編
懺悔道としての哲学 田辺元哲学選Ⅱ	藤田正勝編
哲学の根本問題・数理の歴史主義展開 田辺元哲学選Ⅲ	藤田正勝編
統辞理論の諸相 付「言語理論の論理構造序説」 方法論序説	チョムスキー／福井直樹・辻子美保子訳
統辞構造論 付「言語理論の論理構造序説」 序論	チョムスキー／福井直樹・辻子美保子訳
言語変化という問題 ―共時態、通時態、歴史	E・コセリウ／田中克彦訳
快楽について	ロレンツォ・ヴァッラ／近藤恒一訳
古代懐疑主義入門 ―判断保留の十の方式	J・J・バーンズ／金山弥平訳
ニーチェ みずからの時代と闘う者	ルドルフ・シュタイナー／高橋巌訳

人間精神進歩史	コンドルセ／渡辺誠訳
隠者の夕暮・シュタンツだより	ペスタロッチー／長田新訳
旧約聖書 創世記	関根正雄訳
旧約聖書 出エジプト記	関根正雄訳
旧約聖書 ヨブ記	関根正雄訳
旧約聖書 詩篇	関根正雄訳
新約聖書 福音書	塚本虎二訳
文語訳 新約聖書 詩篇付	
文語訳 旧約聖書 全四冊	
キリストにならいて	トマス・ア・ケンピス／大沢章・呉茂一訳
告白 全三冊 聖アウグスティヌス	服部英次郎訳
新訳 由・キリスト者の自由・聖書への序言 他三篇	マルティン・ルター／石原謙訳
現世の主権について	マルティン・ルター／吉村善夫訳
聖なるもの	オットー／久松英二訳
コーラン 全三冊	井筒俊彦訳
エックハルト説教集	田島照久編訳
ある巡礼者の物語 ―イグナチオ・デ・ロヨラ自叙伝	イグナチオ・デ・ロヨラ／門脇佳吉訳・注解

2017.2.現在在庫　F-3

哲学原理	デカルト	桂寿一訳
情念論	デカルト	谷川多佳子訳
パンセ 全三冊	パスカル	塩川徹也訳
知性改善論	スピノザ	畠中尚志訳
エチカ（倫理学）全二冊	スピノザ	畠中尚志訳
デカルトの哲学原理 附 形而上学的思想	スピノザ	畠中尚志訳
ノヴム・オルガヌム（新機関）	ベーコン	桂寿一訳
形而上学叙説 聖トマス ―付 本質と存在に就いて― ―行と本質とに捧げる―	トマス・アクィナス	高桑純夫訳
君主の統治について ―謹んでキプロス王に捧ぐ―	トマス・アクィナス	柴田平三郎訳
エミール 全三冊	ルソー	今野一雄訳
孤独な散歩者の夢想	ルソー	今野一雄訳
人間不平等起原論	ルソー	本田喜代治・平岡昇訳
社会契約論	ルソー	桑原武夫・前川貞次郎訳
演劇について ダランベールへの手紙	ルソー	今野一雄訳
言語起源論 旋律と音楽的模倣について	ルソー	増田真訳
ラモーの甥	ディドロ	本田喜代治・平岡昇訳
道徳形而上学原論	カント	篠田英雄訳
啓蒙とは何か 他四篇	カント	篠田英雄訳
純粋理性批判 全三冊	カント	篠田英雄訳
実践理性批判	カント	波多野精一・宮本和吉・篠田英雄訳
判断力批判 全二冊	カント	篠田英雄訳
永遠平和のために	カント	宇都宮芳明訳
プロレゴメナ	カント	篠田英雄訳
人間の使命	フィヒテ	宮崎洋三訳
学者の使命・学者の本質	フィヒテ	宮崎洋三訳
政治論文集	フィヒテ	金子武蔵訳
歴史哲学講義 全二冊	ヘーゲル	長谷川宏訳
ブルーノ	シェリング	服部英次郎・井上庄七訳
自殺について 他二篇	ショウペンハウエル	斎藤信治訳
読書について 他二篇	ショウペンハウエル	斎藤忍随訳
知性について 他四篇	ショウペンハウエル	細谷貞雄訳
キリスト教の本質 全二冊	フォイエルバッハ	船山信一訳
将来の哲学の根本命題	フォイエルバッハ	松村一人・和田楽訳
不安の概念	キェルケゴール	斎藤信治訳
死に至る病	キェルケゴール	斎藤信治訳
西洋哲学史	シュヴェーグラー	谷川徹三・松村一人訳
世界観の研究	ディルタイ	山本英一訳
体験と創作	ディルタイ	小牧健夫・柴田治三郎訳
眠られぬ夜のために 全二冊	ヒルティ	草間平作・大和邦太郎訳
幸福論 全三冊	ヒルティ	草間平作・大和邦太郎訳
悲劇の誕生	ニーチェ	秋山英夫訳
ツァラトゥストラはこう言った 全二冊	ニーチェ	氷上英廣訳
道徳の系譜	ニーチェ	木場深定訳
善悪の彼岸	ニーチェ	木場深定訳
この人を見よ	ニーチェ	手塚富雄訳
プラグマティズム	W・ジェイムズ	桝田啓三郎訳
宗教的経験の諸相 全二冊	W・ジェイムズ	桝田啓三郎訳
純粋現象学及現象学的哲学考案 全二冊	フッサール	池上鎌三訳
デカルト的省察	フッサール	浜渦辰二訳
社会学の根本問題 個人と社会	ジンメル	清水幾太郎訳
笑い	ベルクソン	林達夫訳

《音楽・美術》[青]

ベートーヴェン音楽ノート		小松雄一郎訳編
ベートーヴェンの生涯		ロマン・ロラン／片山敏彦訳
音楽と音楽家		シューマン／吉田秀和訳
モーツァルトの手紙	――その生涯のロマン― 全二冊	柴田治三郎編訳
レオナルド・ダ・ヴィンチの手記	全二冊	杉浦明平訳
ゴッホの手紙	全三冊	硲伊之助訳
ワーグマン日本素描集		清水勲編
河鍋暁斎戯画集		及川茂一編
うるしの話		松田権六
ドーミエ諷刺画の世界		喜安朗編
河鍋暁斎		ジョサイア・コンドル／山口静一訳
伽藍が白かったとき		ル・コルビュジエ／樋口清訳
自伝と書簡		デューラー／前川誠郎訳
蛇儀礼		ヴァールブルク／三島憲一訳
日本の近代美術		土方定一
迷宮としての世界	――マニエリスム美術 全二冊	グスタフ・ルネ・ホッケ／種村季弘・矢川澄子訳

日本洋画の曙光		平福百穂
江戸東京実見画録	全二冊（既刊一冊）	長谷川渓石
映画とは何か	全二冊	アンドレ・バザン／野崎歓・大原宣久・谷本道昭訳
漫画 吾輩は猫である		近藤浩一路
漫画 坊っちゃん		近藤浩一路
胡麻と百合		ラスキン／石田憲次・照山正順訳

《哲学・教育・宗教》[青]

ソクラテスの弁明・クリトン		プラトン／久保勉訳
ゴルギアス		プラトン／加来彰俊訳
饗宴		プラトン／久保勉訳
テアイテトス		プラトン／田中美知太郎訳
パイドロス		プラトン／藤沢令夫訳
メノン		プラトン／藤沢令夫訳
国家	全二冊	プラトン／藤沢令夫訳
プロタゴラス	――ソフィストたち	プラトン／藤沢令夫訳
法律	全二冊	プラトン／森進一・加来彰俊・池田美恵訳
パイドン	――魂の不死について	プラトン／岩田靖夫訳

クセノポン ソークラテースの思い出		佐々木理訳
アナバシス	――敵中横断六〇〇〇キロ	クセノポン／松平千秋訳
ニコマコス倫理学	全二冊	アリストテレス／高田三郎訳
形而上学	全二冊	アリストテレス／出隆訳
弁論術		アリストテレス／戸塚七郎訳
詩論・詩論		ホラーティウス／岡道男訳
物の本質について		ルクレーティウス／樋口勝彦訳
怒りについて 他二篇		セネカ／兼利琢也訳
エピクテートス 人生談義	全二冊	鹿野治助訳
エピクロス ――教説と手紙		出隆・岩崎允胤訳
生について 他二篇		セネカ／大西英文訳
自省録		マルクス・アウレーリウス／神谷美恵子訳
老年について		キケロー／中務哲郎訳
友情について		キケロー／中務哲郎訳
平和の訴え		エラスムス／箕輪三郎訳
エラスムス＝トマス・モア往復書簡		沓掛良彦・高田康成訳
方法序説		デカルト／谷川多佳子訳

2017.2.現在在庫　F-1

- 史的に見たる科学的宇宙観の変遷　アーレニウス　寺田寅彦訳・解説
- 相対性理論　アインシュタイン　内山龍雄訳・解説
- 相対論の意味　アインシュタイン　矢野健太郎訳
- 因果性と相補性（ニールス・ボーア論文集1）　山本義隆編訳
- 量子力学の誕生（ニールス・ボーア論文集2）　山本義隆編訳
- パロマーの巨人望遠鏡 全二冊　D・O・ウッドベリー　関根博雄訳
- 生物から見た世界　ユクスキュル／クリサート　日高敏隆／羽田節子訳
- ゲーデル 不完全性定理　八杉満利子訳　林晋訳
- 日本の酒　坂口謹一郎
- 生命とは何か——物理的にみた生細胞　シュレーディンガー　岡小天／鎮目恭夫訳
- 行動の機構——脳メカニズムから心理学へ 全二冊　D・O・ヘッブ　鹿取廣人／金城辰夫／鈴木光太郎／鳥居修晃／渡邊正孝訳
- サイバネティックス——動物と機械における制御と通信　ウィーナー　池原止戈夫／彌永昌吉／室賀三郎／戸田巌訳

2017.2. 現在在庫 I-3

白

- 文学と革命 全二冊 トロツキイ 桑野隆訳
- 空想より科学へ―社会主義の発展 エンゲルス 大内兵衛訳
- 帝国主義論 全二冊 ゲマインシャフトとゲゼルシャフト―純粋社会学の基本概念 全二冊 ホブスン 矢内原忠雄訳
- 帝国主義論 レーニン 宇高基輔訳
- レーニン哲学ノート 全三冊 松村一人訳
- 暴力論 ソレル 今村仁司・塚原史訳
- 金融資本論 全三冊 ヒルファディング 岡崎次郎訳
- 産業革命 全二冊 アシュトン 中川敬一郎訳
- 価値と資本―経済理論の若干の基本原理に関する一研究 全二冊 ヒックス 安井琢磨・熊谷尚夫訳
- 雇用、利子および貨幣の一般理論 全二冊 ケインズ 間宮陽介訳
- 経済発展の理論―シュムペーター 全二冊 塩野谷祐一・中山伊知郎・東畑精一訳
- 租税国家の危機 シュムペーター 木村元一・小谷義次訳
- 報告 窮乏の農村 猪俣津南雄
- 恐慌論 宇野弘蔵
- 経済原論 宇野弘蔵
- ユートピアだより ウィリアム・モリス 川端康雄訳
- 古代社会 全二冊 L・H・モルガン 青山道夫訳

- アメリカ先住民のすまい L・H・モーガン 上古社会研究会 篤胤祭会訳
- 社会科学と社会政策にかかわる認識の「客観性」 ウェーバー 折原浩補訳
- プロテスタンティズムの倫理と資本主義の精神 ウェーバー 大塚久雄訳
- 職業としての学問 マックス・ヴェーバー 尾高邦雄訳
- 職業としての政治 マックス・ヴェーバー 脇圭平訳
- 社会学の根本概念 マックス・ウェーバー 清水幾太郎訳
- 古代ユダヤ教 全三冊 マックス・ヴェーバー 内田芳明訳
- 未開社会の思惟 全二冊 レヴィ＝ブリュル 山田吉彦訳
- 宗教生活の原初形態 全二冊 デュルケム 古野清人訳
- 通過儀礼 ファン＝ヘネップ 綾部恒雄・綾部裕子訳
- 天体による永遠 ブランキ 浜本正文訳
- 王権 A・M・ホカート 橋本和也訳
- 鯰絵―民俗的想像力の世界 C・アウエハント 小松和彦・中沢新一・飯島吉晴・古家信平訳
- 贈与論 他二篇 マルセル・モース 森山工訳

《自然科学》（青）

- 古い医術について 他八篇 ヒポクラテス 小川政恭訳
- 科学と仮説 ポアンカレ 河野伊三郎訳
- 科学と方法 ポアンカレ 吉田洋一訳
- 改訳 科学者と詩人 ポアンカレ 平林初之輔訳
- エネルギー オストワルド 山県春次訳
- 星界の報告 他一篇 ガリレオ・ガリレイ 今野武雄訳
- ロウソクの科学 ファラデー 竹内敬人訳
- 大陸と海洋の起源―大陸移動説 改訳新版 ウェゲナー 都城秋穂・紫藤文子訳
- 種の起原 全三冊 ダーウィン 八杉龍一訳
- 人及び動物の表情について ダーウィン 浜中浜太郎訳
- 実験医学序説 クロード・ベルナール 三浦岱栄訳
- 完訳 ファーブル昆虫記 全十冊 オーギュスト・ファーブル 林達夫・山田吉彦訳
- 増訂新版 アルプス紀行 ジョン・チンダル 矢島祐利訳
- 数について―連続性と数の本質 デーデキント 河野伊三郎訳
- 微生物の狩人 全二冊 ポール・ド・クライフ 秋元寿恵夫訳

2017.2.現在在庫 I-2

《法律・政治》(白)

- 人権宣言集　高木八尺・末延三次・宮沢俊義編
- 新版 世界憲法集 第二版　高橋和之編
- 君主論　マキァヴェッリ 河島英昭訳
- 新訳 フィレンツェ史　マキァヴェッリ 齊藤寛海訳
- リヴァイアサン 全四冊　ホッブズ 水田洋訳
- ビヒモス　ホッブズ 山田園子訳
- 法の精神 全三冊　モンテスキュー 野田良之・稲本洋之助・上原行雄・田中治男・三辺博之・横田地弘訳
- 第三身分とは何か　シィエス 稲本洋之助・伊藤洋一・川出良枝・松本英実訳
- 人間知性論 全四冊　ジョン・ロック 大槻春彦訳
- 完訳 統治二論　ジョン・ロック 加藤節訳
- ルソー 社会契約論　桑原武夫・前川貞次郎訳
- フランス二月革命の日々 ―トクヴィル回想録―　トクヴィル 喜安朗訳
- アメリカのデモクラシー 全四冊　トクヴィル 松本礼二訳
- ヴァジニア覚え書　T・ジェファソン 中屋健一訳
- リンカーン演説集　高木八尺・斎藤光訳
- 権利のための闘争　イェーリング 村上淳一訳

《経済・社会》(白)

- 民主主義の本質と価値 他一篇　ハンス・ケルゼン 長尾龍一・植田俊太郎訳
- 法における常識　グッドハート 伊藤正己訳
- 近代国家における自由　H.J.ラスキ 飯坂良一訳
- 危機の二十年 ―理想と現実―　E.H.カー 原彬久訳
- ザ・フェデラリスト　A・ハミルトン、J・ジェイ、J・マディソン 斎藤眞・中野勝郎訳
- アメリカの黒人演説集 ―キング・マルコムX・モリスン他―　荒このみ編訳
- 人間の義務について　モーゲンソー 斎藤ゆかり訳
- 国際政治 ―権力と平和― 全三冊　モーゲンソー 原彬久監訳
- ポリアーキー　ロバートA.ダール 高畠通敏・前田脩訳
- 現代議会主義の精神史的状況 他一篇　カール・シュミット 樋口陽一訳
- 第二次世界大戦外交史　芦田均
- 経済表　ケネー 平田清明・井上泰夫訳
- 富に関する省察　チュルゴ 永田清訳
- 国富論 全四冊　アダム・スミス 水田洋監訳・杉山忠平訳
- 道徳感情論 全二冊　アダム・スミス 水田洋訳
- コモン・センス 他三篇　トーマス・ペイン 小松春雄訳

《経済・社会》(白)（続）

- 人口の原理　ロバート・マルサス 高野岩三郎・大内兵衛訳
- 経済学における諸定義　マルサス 玉野井芳郎訳
- 農地制度論　フリードリヒ・リスト 小林昇訳
- 戦争論 全三冊　クラウゼヴィッツ 篠田英雄訳
- 自由論　J.S.ミル 塩尻公明・木村健康訳
- 大学教育について　J.S.ミル 竹内一誠訳
- ユダヤ人問題によせて ヘーゲル法哲学批判序説　マルクス 城塚登訳
- 経済学・哲学草稿　マルクス 城塚登・田中吉六訳
- 新編輯版 ドイツ・イデオロギー　マルクス、エンゲルス 廣松渉編訳・小林昌人補訳
- 哲学の貧困　マルクス 山村喬訳
- 共産党宣言　マルクス、エンゲルス 大内兵衛・向坂逸郎訳
- 賃労働と資本　マルクス 長谷部文雄訳
- 賃銀・価格および利潤　マルクス 長谷部文雄訳
- マルクス 経済学批判　武田隆夫・遠藤湘吉・大内力・加藤俊彦訳
- マルクス 資本論 全九冊　エンゲルス編 向坂逸郎訳
- マルクス ゴータ綱領批判　望月清司訳
- 裏切られた革命　トロツキー 藤井一行訳

2017.2. 現在在庫　I-1

岩波文庫の最新刊

プレヴェール詩集
小笠原豊樹訳

恋愛映画の名脚本家であり、シャンソン「枯葉」の作詞家でもある、フランスの国民的詩人ジャック・プレヴェールのエッセンス。〔解説＝小笠原豊樹・谷川俊太郎〕

〔赤N五一七-一〕 本体八四〇円

芥川竜之介紀行文集
山田俊治編

芥川の国内各地と中国の紀行文をまとめる。特派員芥川は、現実の中国の実情を見つめ、自身の思いを刻々と伝える。作家による特異な文学ルポルタージュ。

〔緑七〇-一七〕 本体八五〇円

ヨーロッパの昔話
その形と本質
マックス・リュティ／小澤俊夫訳

昔話とは何か？ 魔女・こびととも違和感なく出会い、主人公に与えられる試練の数は三つ……。ヨーロッパ各地の昔話分析から、その本質を解明した先駆的著作。

〔赤三三九-一〕 本体九七〇円

荒 涼 館 (二)
ディケンズ／佐々木徹訳

教会で見た准男爵夫人の姿に衝撃を受けるエスター。進展のない裁判に期待するリチャード。身元不明の代書人の死にまつわる捜査。不穏な動きが広がる。〈全四冊〉

〔赤二二九-一二〕 本体一一四〇円

われら
―今月の重版再開―
ザミャーチン／川端香男里訳

〔赤六四五-二〕 本体九七〇円

風巻景次郎 中世の文学伝統
樋口芳麻呂校注

〔青一七一-一〕 本体七八〇円

野上弥生子随筆集
竹西寛子編

〔緑四九-九〕 本体八一〇円

王朝秀歌選

〔黄二七-一〕 本体九〇〇円

定価は表示価格に消費税が加算されます　2017.8.

― 岩波文庫の最新刊 ―

うたげと孤心
大岡信

古典詩歌の名作の具体的な検討を通して、わが国の文芸の独自性を問い、日本の美意識の構造をみごとに捉えた名著。大岡信の評論の代表作。〈解説＝三浦雅士〉

〔緑二〇一-二〕　**本体九一〇円**

怪人二十面相・青銅の魔人
江戸川乱歩

怪人二十面相と明智小五郎、少年探偵団の活躍する少年文学の古典。戦前戦後の第一作を併せて収録。〈解説＝佐野史郎、解題＝吉田司雄〉

〔緑一八一-二〕　**本体九一〇円**

都市と農村
柳田国男

農政官として出発した柳田は、農民による協同組合運営の提言など、いまなお示唆に富む一書。農村の疲弊を都市との関係でとらえた。〈解説＝赤坂憲雄〉

〔青一三八-二〕　**本体八四〇円**

ヨーロッパの言語
アントワーヌ・メイエ／西山教行訳

先史時代から第一次世界大戦後までを射程に収め、言語の統一と分化に関わる要因を文明、社会、歴史との緊密な関係において考察した、社会言語学の先駆的著作。

〔青六九九-一〕　**本体一三一〇円**

窪田空穂歌集
大岡信編

……今月の重版再開

〔緑一五五-三〕　**本体九五〇円**

新版 河童駒引考
――比較民族学の研究
石田英一郎

〔青一九三-二〕　**本体九七〇円**

比較言語学入門
高津春繁

〔青六七六-一〕　**本体八四〇円**

トゥバ紀行
メンヒェン＝ヘルフェン／田中克彦訳

〔青四七一-二〕　**本体九〇〇円**

定価は表示価格に消費税が加算されます　　2017. 9.